좋은 건축에 대한 10가지 이야기
10 Stories of Good Architecture

좋은 건축에 대한 10가지 이야기

발행일	2016년 11월 2일
지은이	신동관
펴낸이	손 형 국
펴낸곳	(주)북랩
편집인	선일영
편집	이종무, 권유선, 안은찬, 김송이
디자인	이현수, 이정아, 김민하, 한수희
제작	박기성, 황동현, 구성우
마케팅	김회란, 박진관
출판등록	2004. 12. 1(제2012-000051호)
주소	서울시 금천구 가산디지털 1로 168, 우림라이온스밸리 B동 B113, 114호
홈페이지	www.book.co.kr
전화번호	(02)2026-5777
팩스	(02)2026-5747
ISBN	979-11-5987-230-3 13610 (종이책) 979-11-5987-231-0 15610 (전자책)

잘못된 책은 구입한 곳에서 교환해드립니다.
이 책은 저작권법에 따라 보호받는 저작물이므로 무단 전재와 복제를 금합니다.

이 도서의 국립중앙도서관 출판예정도서목록(CIP)은 서지정보유통지원시스템 홈페이지(http://seoji.nl.go.kr)와
국가자료공동목록시스템(http://www.nl.go.kr/kolisnet)에서 이용하실 수 있습니다.
(CIP제어번호 : CIP2016026442)

(주)북랩 성공출판의 파트너

북랩 홈페이지와 패밀리 사이트에서 다양한 출판 솔루션을 만나 보세요!

홈페이지 book.co.kr   1인출판 플랫폼 해피소드 happisode.com
블로그 blog.naver.com/essaybook   원고모집 book@book.co.kr

좋은 건축에 대한
10가지 이야기

신동관 지음

북랩 book Lab

책을 펴내며

나의 꿈은 우리가 사는 세상에 좋은 건축물, 좋은 공간이 많이 생겨나는 데 이바지할 수 있는 사람이 되는 것이다. 대학교에서 건축을 전공하고 현업에서 5년가량 일을 하면서 조금씩 갖게 된 꿈이다. 처음에 이 꿈을 가졌을 때는 그저 막연하기만 했다. 사실 지금도 명확한 해답을 찾았다고 할 수는 없지만, 조금씩 건축에 대하여 배우고 생각하면서, 그리고 관련 일을 하면서 가야 할 길을 찾아 나가고 있다.

그러다 문득 과연 좋은 건축, 좋은 공간이란 것이 무엇인지에 대한 정의를 내리고 싶어 이 책을 쓰기로 했다. 여기의 내용은 전적으로 나만의 생각이며, 전문가적 시선이 아닌 일반인의 시선으로 내용을 담고자 노력하였다. 아마 전문적으로 쓰고 싶어도 아는 게 별로 없어 불가능할 것이다.

내가 생각하기에 좋은 건물을 짓기 위해서는 건축에 종사하는 사람들보다 일반인의 생각이 더 큰 영향을 미치는 경우가 많다. 이 말을 설명하기 위해서 잠시 건축물을 짓는데 참여하는 주체들을 간략히 짚고 넘어가자. 건물을 짓는 데는 크게 건축주, 설계자, 시공자

3개의 주체가 필요하며, 세부적으로 들어가면 CM, 감리자, 하도 업자 등 보다 많은 주체가 있어야 한다.

건물을 짓기 위해서는 당연히 건물을 짓고자 하는 건축주가 있어야 하며, 이를 설계해 줄 설계자, 설계를 실제로 구현해 줄 시공자가 필요하다. 건축주가 본인의 집을 직접 디자인해서 손수 짓는다고 하면 혼자서 3개 주체의 역할을 모두 수행할 수도 있지만, 그런 경우는 흔치 않기 때문에 위와 같이 세 주체로 나누는 것이 무리는 아니다.

많은 사람들이 좋은 건축, 좋은 공간을 만들기 위한 가장 중요한 주체로 설계자를 꼽을 것이다. 그도 그럴 것이 좋은 건축물을 보면 누가 설계했는지를 궁금해하지 누가 건물의 소유주인지 누가 시공을 했는지는 그리 궁금해하지 않는다. 사실 세 주체 중 중요하지 않은 사람은 없다. 대지를 검토하고 건축주의 생각을 반영하여 건물 전체를 계획하는 설계자는 확실히 중요해 보인다. 아무리 설계가 좋아도 이를 구현해 줄 시공자가 없다면 한낱 그림에 머무를 수도 있고, 건물이 지어진다고 해도 각종 하자에 시달려야 할지도 모른다.

아랍에미리트 두바이의 부르즈 할리파나 빌바오 구겐하임 미술관과 같은 건물들도 좋은 시공자가 있었기에 이 세상에 존재할 수 있다. 이렇듯 좋은 건물을 짓는데 설계자와 시공자가 중요하다는 것은 모두 공감할 것이다. 하지만 나는 누구보다 건축주가 중요하다고 생각한다. 건축주가 좋은 건물을 짓겠다는 생각 없이 그저 싸고 빨리 지어 주길 바란다면 설계자와 시공자가 아무리 날고 긴다고 해도 시간적, 금전적 한계에 부딪힐 수밖에 없기 때문이다.

왜 일반인의 시선으로 집필하고자 했는지를 설명하려고 했다가 말이 조금 길어졌다. 좋은 건축, 좋은 공간이 많이 생겨나는 것은 이 세상 많은 건축가들의 바람이기도 하고, 이를 위하여 노력하는 사람이 굉장히 많이 있다. 하지만 건축 분야의 변화는 잘 보이지 않고, 여전히 일반인들의 건축에 대한 인식은 부족하다. 따라서 다음에 건축주가 될 수도 있는 일반인들에게 좋은 건축물을 소개하면서 좋은 건축, 좋은 공간에 대한 공감을 얻고, 모두 함께 좋은 건물이 가득한 세상을 만들어 가고자 이 책을 쓰게 되었다. 작은 변화가 큰 혁신을 만들어 내듯 세상을 조금 더 나은 곳으로 만들고자 하는 첫걸음을 떼었다는 데 의의를 두고 싶다.

좋은 건축

좋은 건축물 하면 머릿속에 떠오르는 건물이 있는가? 시드니 오페라 하우스? 파리 에펠탑? 노트르담 성당? 바르셀로나의 사그라다 파밀리아 성당? 명동성당? 63빌딩? 우리나라의 한옥?

- 좋은 건축물 하면 떠오르는 건물

에펠탑

사그라다 파밀리아 성당

명동성당

노트르담 성당

시드니 오페라 하우스

한옥

 사람마다 취향은 다르겠지만, 건축에 관심이 있든 없든 좋은 건축물 하면 머릿속에 떠오르는 건물이 하나씩은 있을 것이다. 취향은 조금씩 다를 수 있겠지만, 사람들이 느끼는 좋은 건물에는 공통점이 있다고 생각하기에 나름대로 정리하고 싶었다. 그렇게 정리한 좋은 건축물의 10가지 특징은 다음과 같다.

1. 외형이 아름다워 사람들에게 좋은 느낌을 주는 건축물
2. 내부 공간에서 신비로운 경험을 하게 해주는 건축물
3. 주변과 조화로운 건축물
4. 새로운 스타일의 건축물
5. 재료의 아름다움이 느껴지는 건축물
6. 구조적인 아름다움을 주는 건축물
7. 기능에 충실한 건축물
8. 변신에 성공한 건축물
9. 환경 친화적인 건축물
10. 대중들에게 활짝 열려 있는 건축물

모두가 10가지 특징에 공감하지 않을 수 있지만, 이 범주 안에 적어도 각자가 생각하는 좋은 건축물이 하나 정도는 이 범주 안에 포함될 것이다. 건축을 전공하거나 건축 관련업 종사자들에게는 큰 이견이 없으리라 판단되지만, 일반인들에게는 낯선 이야기일 수 있으니 이 책을 읽고 '아 이런 건물이 좋은 건축이 될 수 있구나'하고 생각할 기회가 되었으면 한다. 그리고 우리 주변의 건물과 공간을 둘러보면서 사람들이 좋은 건축, 좋은 공간에 대한 대화를 많이 나눌 수 있었으면 좋겠다.

CONTENTS

| 책을 펴내며 04
　Story 1. 외형이 아름다워 사람들에게 좋은 느낌을 주는 건축물 11
　Story 2. 내부 공간에서 신비로운 경험을 하게 해주는 건축물 33
　Story 3. 주변과 조화로운 건축물 55
　Story 4. 새로운 스타일의 건축물 75
　Story 5. 재료의 아름다움이 느껴지는 건축물 91
　Story 6. 구조적인 아름다움을 주는 건축물 115
　Story 7. 기능에 충실한 건축물 137
　Story 8. 변신에 성공한 건축물 151
　Story 9. 환경 친화적인 건축물 167
　Story 10. 대중들에게 활짝 열려 있는 건축물 187
| 맺음말 204

Story 1

외형이 아름다워 사람들에게
좋은 느낌을 주는 건축물

01

건축의 3요소로 흔히 구조, 기능, 미를 꼽는다. 건축물이 존재하기 위해서는 당연히 무너지면 안 되기 때문에 구조적으로 안정적이어야 하며, 건축물마다 주거, 공장, 사무실, 도서관 등 용도가 있으므로 기능적으로도 문제가 없어야 한다. 그리고 세 번째 미의 경우는 사실 건축물을 짓는데 필수적인 요소는 아니다. 내가 건물을 짓는데 꼭 미적인 요소를 고려하지 않았다고 해서 법적으로 문제 되지는 않는다(물론 미관지구에 건축물을 지을 경우는 법적인 구속을 받기도 한다). 하지만 건축물의 경우 비록 개인 소유물이라 할지라도 다른 사람이 볼 수밖에 없고 때로는 그 건물을 사용하기 때문에 다른 사람에게 좋지 않은 영향을 주는 건축물은 문제가 될 수 있다. 그래서 미적인 모습 또한 건축의 중요한 요소이다.

　사실 일반인이 좋은 건축물을 떠올릴 때 가장 많이 참조하는 요소가 마지막에 언급한 미이며, 그중에서도 외형의 아름다움을 좋은 건축의 첫 번째 요소로 꼽는다. 시드니 오페라 하우스, 인도의 타지마할, 바르셀로나의 사그리다 파밀리아를 좋은 건축물로 꼽는 이유는 다른 이유도 있겠지만 대부분 외형이 아름답기 때문이다.

　사람들이 아름다움에 끌리는 것은 당연하다. 아름다운 이성에게 더 끌리기 마련이며, 멋있고 세련된 디자인 제품에 마음이 가는 것은 어쩔 수 없다. 건축물도 마찬가지다. 외형이 아름다운 건축물에 눈이 더 많이 가게 되고, 그런 건축물을 봤을 때 좋은 기분이 든다. 물론 아름다움에는 절대적인 것이 있을 수 없으므로 외형이 아름다운 건축물에 대한 평가는 엇갈릴 수 있다.

　지금은 전 세계인이 사랑하고 파리의 상징이 된 에펠탑도 처음 지어졌을 때는 흉물로 취급을 받았고, 어떤 이에게는 심플한 아름다움을 주지만 어떤 이에게는 꼴도 보기 싫었던 로스 하우스 같은 건물도 있다. 우리나라 동대문 운동장 부지에 지어진 동대문디자인플라자(DDP)에 대한 상반되는 평가가 이루어지는 것을 보아도 건축물의 아름다움은 보는 이에 따라 달라진다. 하지만 우리가 보편적으로 아름답다고 생각하는 건물들이 있으므로 이러한 건물의 특징을 살펴보자.

story 1.
외형이 아름다워 사람들에게 좋은 느낌을 주는 건축물

• 건축 당시 평가가 엇갈린 건물

에펠탑

로스하우스

동대문디자인플라자

고대에서 플라톤은 미의 원리를 균형, 절도, 조화로 보았다. 균형이 잡히고 절도가 있으며 조화로운 사물에 대해서 우리는 보편적인 미를 느낀다고 본 것이다. 이는 건축에도 어느 정도 적용되고 있다. 따라서 외형이 아름다운 건축물의 첫 번째 특징은 균형, 절도, 조화의 모습을 갖추고 있다는 것이다.

고대 그리스 시대의 신전 건축물에서는 위계질서와 외형을 중시했기 때문에 절도 있고 균형 잡힌 모습에 신경을 많이 썼는데, 이에 따라 많은 신전의 기둥이 비례에 맞추어 배열되어 있다. 아테네의 파르테논 신전에는 우리가 비례를 이야기할 때 흔히 사용하는 황금비가 적용되었으며, 델피의 아폴론 신전, 키프로스의 아프로디테 신전 등에서도 균형 있는 비례가 느껴진다. 이는 현대에 와서 기둥을 배열할 때 차용할 정도로 사람들에게 좋은 느낌을 준다.

• 비례를 중시한 그리스 기둥

파르테논 신전

그리스 기둥 양식을 도입한 링컨 기념관

그리고 완벽한 좌우대칭을 이룬 모습을 보면 우리는 균형미와 안정감을 느낄 수 있는데, 이를 잘 보여주는 대표적인 건축물이 인도의 타지마할이다. 타지마할은 샤 제한 황제가 그의 왕비 뭄타즈 마할의 죽음을 추모하며 만든 분묘 건축이다. 타지마할 묘 배치도를 보면 건물과 조경이 완벽하게 좌우 대칭을 이루고 있는데, 세계 7대 불가사의에 선정될 정도로 엄청난 규모를 자랑한다. 안정적인 느낌을 주는 것은 이러한 균형 잡힌 모습 때문이다. 그리고 얼굴의 아름다움이 눈, 코, 입의 조화에서 느껴지듯이 건축물에서도 각 요소들의 조화로움이 우리에게 좋은 느낌을 준다. 대표적인 건물이 입면의 조화로운 모습으로 서양 건축의 정수라 불리는 빌라 로톤다이다.

story 1.
외형이 아름다워 사람들에게 좋은 느낌을 주는 건축물

르네상스를 대표하는 건축가 안드레아 팔라디오는 건축분야의 최초 이론서인 《건축10서》를 쓴 비트루비우스와 고전 건축물들을 연구하며 비례체계부터 건축형태까지 일관된 체계를 만들고 이를 건축물에 적용하고자 노력하였다. 팔라디오는 비첸자를 중심으로 활동하게 되는데 여기서 주택과 바실리카 등을 설계하며 명성을 얻게 된다.

그런 와중에 빌라 로톤다를 설계하는데 평면의 완벽한 대칭과 4개의 입면을 고대 신전의 페디먼트(Pediment)와 열주를 이용한 똑같은 형태로 구성한 작품이다. 이는 팔라디오가 고대 건축에서 발견한 엄격한 비례, 규칙을 자신만의 건축 언어로 적용하여 주택의 표본이 될 정도로 후대 건축에 많은 영향을 끼치며 지금까지도 좋은 건축물로 사랑받고 있다.

• 완벽한 대칭의 아름다움을 보여주는 건축물

완벽한 좌우대칭의 타지마할

빌라 로톤다

　외형이 아름다운 건축물의 두 번째 특징은 독특한 형태다. 획일적인 건물로 둘러싸인 우리에게 독특한 형태의 건물은 신선한 느낌을 주며, 우리의 시선을 빼앗는다. 물론 독특하다고 해서 모두 좋은 건물이라 칭할 수는 없다. 배의 형상을 한 레스토랑이나, 찌그러진 형상을 한 건물이 특이하지만 좋은 건물이라 칭하기는 어렵다. 독특하면서도 주변 대지와 잘 어우러지며, 독특한 형태의 새로운 즐거움을 경험할 수 있는 건물만이 좋은 건축물이다.

story 1.
외형이 아름다워 사람들에게 좋은 느낌을 주는 건축물

• 독특한 형태의 건축물

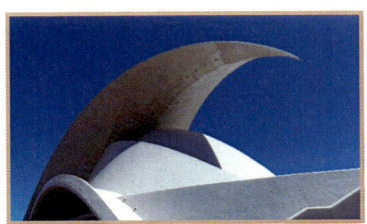

　화려한 외형을 자랑하는 시드니 오페라 하우스나 JFK 공항의 TWA 터미널 같은 건물은 단순히 외형이 아름다워서 사랑받는 것이 아니라 주변과의 조화로운 모습이나 상징적인 의미를 담고 있기 때문이다. 시드니 오페라 하우스는 시드니의 베넬롱 포인트에 위치하여 주변과 조화로운 모습을 하고 있으며, 에로 사리넨이 설계한 JFK 공항의 TWA 터미널은 금방이라도 날아갈 듯한 새를 형상화하였고 공항의 이미지와 잘 부합되어 큰 사랑을 받고 있다. 특히 TWA 터미널은 독특한 형태가 기둥, 표지판, 난간, 카운터 등 세부적인 요소에서도 나타나며, 외형에 그치지 않고 내부까지도 이어진다는 점에서 더욱더 가치가 있다.

story 1.
외형이 아름다워 사람들에게 좋은 느낌을 주는 건축물

• 독특한 외부 형태가 내부에까지 이어지는 JFK 공항 TWA 터미널

TWA 터미널 외부

TWA 터미널 내부

현대 건축에 있어 컴퓨터의 발달은 훨씬 더 독창적인 건물을 지을 수 있는 계기가 되었는데 이를 잘 활용한 2명의 대표적인 건축가가 있다. 건축계의 노벨상이라 불리는 프리츠커상의 수상자이면서 해체주의 건축을 대표하는 프랭크 오 게리와 자하 하디드가 그 주인공이다.

프랭크 오 게리는 항상 틀에 얽매이지 않고 자유분방한 사람이었다. 기존의 것을 그냥 받아들이지 않는 유대인의 특성과 개방적이고 자유분방한 도시 LA에서 유년시절을 보냈던 것이 그를 그렇게 만들었으리라. 이런 프랭크 오 게리는 예술과 건축의 통합적인 시각으로 건축을 바라보았으며, 그렇게 탄생한 건물이 LA에 있는 월트 디즈니 콘서트홀(Walt Disney Concert Hall)과 빌바오에 지은 구겐하임 미술관이다.

형태가 기존 건물과는 굉장히 다른 모습을 하고 있는데, 두 건물은 단순히 독특한 형태라서 사랑받는 것이 아니라 주변 환경과의 조화와 외장재료의 아름다움이 더해져 각 도시의 명물로 자리 잡게 되었다. 때로는 독특한 형태만을 추구하는 듯한 모습에 프랭크 오 게리를

비판하는 사람들도 있지만 자유로운 생각을 통하여 우리에게 신선한 감동을 줌으로 좋은 건축물이라 칭할 수 있다.

• 프랭크 오 게리의 독특한 형태의 건물

월트 디즈니 콘서트홀

비크맨 빌딩

빌바오 구겐하임 미술관

댄싱 하우스

story 1.
외형이 아름다워 사람들에게 좋은 느낌을 주는 건축물

프랭크 오 게리와 유사한 길을 걸었던 사람이 여성 최초로 프리츠커 상을 받은 자하 하디드다. 우리에게는 동대문디자인플라자의 설계자로 잘 알려진 그녀는 독특한 형태에 있어서는 누구에게도 뒤지지 않는 건축가이다. 프랭크 오 게리와 마찬가지로 실험적인 건축을 즐겼던 그녀 또한 비현실적이고 조각 같은 건축을 한다는 비판에서 벗어나지 못했다. 하지만 그런 비판에 굴하지 않고, 파격적이고 과감한 그녀만의 건축을 정립하며 탄생시킨 헤이드라 알리예프 센터나 갤럭시 소호와 같은 건물은 많은 사람들의 사랑을 받고 있다. 동대문디자인플라자에서도 잘 보이는 그녀만의 독특한 곡선은 건축 분야에서만 그치는 것이 아니라 가구나 제품 디자인에도 널리 적용될 정도로 우수함을 입증받았다.

• 자하 하디드의 독창적인 건물

헤이드라 알리예프 센터

갤럭시 소호

독특한 형태의 건물 중에는 유독 곡선 형태를 취하고 있는 경우가 많다. 앞서 살펴본 시드니 오페라 하우스나 프랭크 오 게리와 자하 하디드의 건축물 중에서도 곡선의 형태를 가지고 있는 것이 많다. 우리의 세상은 수많은 사각형의 건물들로 이루어져 있으므로 곡선 형태의 건물은 조금 달라 보이고 독특하다고 생각한다. 우리는 태초에 자연에서 생활해 왔기 때문에 인공적인 직선보다는 자연스러운 곡선의 형태를 더 친숙하게 받아들이며, 이러한 건물에 조금 더 끌리기 마련이다.

오스트리아의 건축가 프리덴스라이히 훈데르트바서는 "직선은 죄악이며, 죽음의 선이다. 곡선은 신이 만든 선이고, 직선은 악마가 만든 선이다!"라고 말했을 정도로 곡선의 아름다움을 예찬하고 있다. 그렇다고 모든 건물이 곡선으로 되어야 한다고 말하는 것은 아니다. 뒤에서 자세히 다루겠지만, 직선만으로도 충분히 아름다운 건축물을 만들 수 있을 뿐 아니라 무엇보다도 곡선 형태의 건축물은 비용이 많이 들 수밖에 없다.

외형이 아름다운 건축물의 세 번째 특징은 장식을 갖추고 있다는 것이다. 여자들이 자신을 꾸미기 위해 치장을 하듯이 건축물도 장식을 통하여 아름다움을 추구했던 시절이 있었다. 사실 장식은 자기만족을 위한 것일 수도 있지만, 과시용인 경우가 더 많다. 태초의 집은 비바람만 잘 막으면 됐었지만, 계급이 생겨나고, 의사당, 신전, 스타디움 등 공공 건축물이 생기면서부터 건축물에 장식이 들어가기 시작하였다. 그렇게 등장한 그리스 시대의 기둥 오더 양식이 건축물에 접목된 최초의 장식이라 할 수 있다. 오더 양식은 그리스 시대의 파르테논 신전, 로마 시대의 콜로세움뿐만 아니라 르네상스 건축, 고전주의 건축

등 현대에 이르기까지 시대를 막론하고 널리 사용되고 있다.

• 건축물의 장식

기둥 오더 양식

콜로세움

트레비 분수

사그라다 파밀리아

장식이 처음에는 심플한 양식으로 되어 있었지만, 시대가 흐르면서 조금씩 더 화려해지기 시작했다. 특히 기독교가 동로마의 국교로 선포된 이후 기독교 건축물이 지어지기 시작하면서 장식의 아름다움은 극에 달하게 된다. 우리에게 친숙한 샤르트르 대성당, 쾰른 대성당, 명동성당 등은 모두 고딕 양식의 건축물로서 화려한 장식을 갖추고 있다.

샤르트르 대성당의 경우 실내 장식을 건축 일부로 도입한 최초의 성당으로도 유명한데, 정교하게 다듬어진 수많은 조각과 고딕 양식을 대표하는 장미창 등 1,200여 개의 스테인리스 창은 화려함의 극치를 보여준다. 600년에 걸쳐 지어진 독일의 쾰른 대성당 또한 뾰족한 아치와 화려한 조각, 스테인리스 창이 어우러져 장관을 연출한다.

비록 직접 가 보진 못했지만, 사진이나 영상으로만 봐도 경이로움이 느껴질 정도로 장식의 아름다움이 잘 느껴진다. 우리나라에도 명동성당과 충현교회 같은 건축물이 고딕 양식과 로마네스크 양식으로 지어져 그 화려한 장식의 모습에 많은 사랑을 받고 있다.

• 장식의 화려함을 뽐내는 기독교 건축물

샤르트르 대성당

쾰른대성당

story 1.
외형이 아름다워 사람들에게 좋은 느낌을 주는 건축물

명동성당

충현교회

스테인리스 창

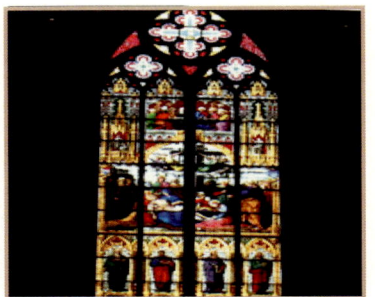
장미창

    네 번째 특징은 장식의 아름다움과 반대되는 개념인 심플함이다. 지금도 미니멀리즘이라 하여 아이폰과 같은 심플한 디자인이 인기를 끌고 있는데 건축에서도 단순함의 아름다움이 주목받은 시절이 있다. 심플한 디자인은 고대에도 있었지만, 주목받기 시작한 것은 근대에 오면서부터다. 건축의 심플함을 이야기하기 위해서는 근대 건축의 역사를 살펴보지 않을 수 없다.

근대는 프랑스의 시민혁명, 영국의 산업혁명이라는 2개의 큰 혁명을 통하여 생겨났다. 건축에서 주목해야 할 점은 대량생산을 가능하게 해 준 산업혁명이다. 이때부터 건축에서 철, 유리가 활발히 사용되었고, 시대의 변화가 공장, 공동주택, 백화점, 사무실 등 다양한 용도의 건물을 요구하기 시작했다. 이러한 과정에서 고대, 르네상스, 바로크 양식으로 대표되던 화려한 건물들이 조금씩 장식을 걷어내고 기능에 집중하게 되었다.

이 시기에 나온 유명한 말로서 오스트리아 건축가 아돌프 로스는 "장식은 범죄다."라며 장식을 배제하였으며, 루이스 설리반은 "형태는 기능을 따른다."라며 형태가 단순해져야 함을 강조하였다. 그리고 건축가보다 말이 더 우리에게 친숙한 미스 반 데어 로에의 "적은 것이 더 많은 것이다(Less is More)." 라는 말은 미니멀리즘을 대표하는 표현이 되었다. 이는 모두 기능이 없는 장식을 없애고 심플한 디자인을 추구한 근대 건축을 잘 표현하는 말들이다. 이들이 설계했던 건축물들은 그야말로 전 세계적인 센세이션을 불러일으켰다.

story 1.
외형이 아름다워 사람들에게 좋은 느낌을 주는 건축물

아돌프 로스의 대표적 작품인 로스하우스는 20세기 초에 지어졌음에도 현대적인 느낌을 가지고 있는 훌륭한 건축물이다. 하지만 이 건물이 지어질 당시만 해도 아름다운 장식에 익숙해져 있던 사람들에게 이 건물은 받아들이기가 힘들었던 것 같다.

로스하우스는 오스트리아 빈의 중심가인 미카엘러 광장에 있으며, 이 건물의 맞은편에는 당시 오스트리아 황제 프란츠 1세의 궁전이 있었다. 한 나라 황제의 궁전이었으니 장식의 화려함이야 이루 말할 수 없을 정도였다. 이런 건물의 바로 앞에 아무 장식이 없는 건물을 지으려고 했으니 당대 사람들이 받았을 충격이 상상이 간다. 황제는 로스하우스를 보지 않기 위하여 창문에는 커튼을 치고 그 건물을 향해 놓여 있던 뒷문으로는 출입하지 않았다고 할 정도로 이 건물을 증오했다. 한때 공사 중지 명령을 당하는 수모를 겪었던 이 건물은 입면에 장식을 조금만 가미하는 선에서 완성되었으며, 지금은 심플한 아름다움으로 많은 사람들의 사랑을 받고 있다.

• 대조적인 두 건축물

미카엘러 광장

| 프란츠 1세 궁전 | 로스하우스 |

 또 하나의 심플한 아름다움을 지닌 건축물은 현대 건축의 거장 미스 반 데어 로에의 시그램 빌딩이다. "Less is more."라는 말에 확신을 주는 건축물인 시그램 빌딩은 뉴욕의 다른 고층 건물인 엠파이어 스테이트 빌딩이나 크라이슬러 빌딩에 비교해 외관이 철골과 유리로만 이루어져 굉장히 심플하지만 아름다움에서는 절대로 뒤지지 않는다.

 이 건물은 이렇듯 단순함의 극치를 보여주며 국제주의 양식을 대표하는 전 세계 고층 빌딩의 프로토 타입이 되었다. 우리나라 건물 중 김중업의 삼일 빌딩에도 영향을 미칠 정도로 전 세계에 이 건축물의 영향력은 엄청났다.

story 1.
외형이 아름다워 사람들에게 좋은 느낌을 주는 건축물

• 대조적인 형태의 고층 빌딩

화려한 형태

엠파이어 스테이트 빌딩   크라이슬러 타워

    현대 건축을 대표하는 또 다른 건축가인 르 꼬르뷔지에도 "집은 인간이 사는 기계다."라고 표현하며 건물은 기계처럼 기능을 위한 요소만으로 단순해져야 한다고 주장하였다. 유니테 다비타시옹과 같은 공동 주택의 모습에서 장식을 배제하고 합리적인 건물을 선보이기도 하였다.

심플한 형태

시그램 빌딩   삼일 빌딩

• 공동주택의 표본 유니테 다비타시옹 전경

유니테 다비타시옹 전경 　　　　　 세대별 발코니

　이렇게 단순함과 합리성을 추구하던 근대의 움직임은 심플한 아름다움을 선사하기도 하지만, 획일화된 건물을 창출하게 되었다는 비판에서는 자유롭지 못하다. 기능만을 추구하고 장식을 배제하다 보니 비슷비슷한 건물만 생겨나고 경제성 원리를 무시할 수 없는 건축계에서 멋을 부리는 장식은 사치스럽게 느껴지며 획일화된 사각형 건물이 점점 더 늘어났다.

　이렇게 생겨난 사조 중 하나가 바로 국제주의 양식이다. 어느 나라에도 적용할 수 있다는 점에서 좋은 점도 있지만, 지역의 특성과 땅이 가지고 있는 성질, 주변과의 관계를 무시하고 일관적인 모습을 취하는 건 분명 건축을 대하는 좋은 태도는 아니다. 이 책에서 나의 짧은 건축 소견으로 무엇이 옳고 그르다를 판단하려고 하는 것은 아니기에 어떤 양식에 대해 자세히 논의하는 것은 자제하겠다.

story 1.
외형이 아름다워 사람들에게 좋은 느낌을 주는 건축물

지금까지 외형적인 아름다움을 추구한 건물을 살펴보며, 나름의 공통점을 정리해 보았다. 하지만 아름다움이라는 것이 워낙 주관적인 요소다 보니 이런 범주 내에 들어오지 않더라도 아름답게 보이는 건물이 있고, 이런 범주 안에 들어오더라도 좋은 느낌을 주지 못하는 건물이 있다. 우리가 주변에서 보는 거의 모든 건물이 사각형으로 좌우 대칭을 이루고 있지만 모든 건물이 아름다워 보이지 않으며, 요란스럽게 생긴 건물이 때로는 거부감을 준다. 따라서 외형적인 모습 하나만으로 좋은 건축을 판단하기는 무척이나 어렵다.

매 장마다 좋은 건축물이 될 수 있는 요소들을 살펴보겠지만, 이 중 1가지만 충족한다고 해서 결코 좋은 건축물이 될 수 있는 것은 아니다. 10가지 요소들이 복합적으로 작용하기 때문에 어느 요소가 부족하더라도 다른 요소가 크게 나타나서 좋은 느낌을 줄 수도 있고, 많은 요소를 갖추고 있더라도 중요한 1가지 요소가 빠져서 그저 그런 건축물에 머무르는 경우도 있다. 따라서 여기까지만 읽고 '아! 외적인 모습이 아름다운 건물이 좋은 건축물이구나.' 하고 오해하지 않기를 바란다.

Story 2

내부 공간에서 신비로운
경험을 하게 해주는 건축물

02

　1장에서는 외형의 아름다움에 대해서 이야기했다. 건축물은 누구에게나 보여지는 공공성을 띠고 있기 때문에 좋은 건축물이 되기 위해서 외형은 중요한 요소이다. 하지만 사용자의 입장에서 보면 건물의 외부를 바라보는 시간보다 내부에서 생활하는 시간이 훨씬 많기 때문에 내부의 느낌이 훨씬 더 중요하다. 사실 건축을 '인간 생활을 담는 그릇'이라고 표현할 정도로 건물 내부에서 생활 방식을 담아내는 것이 중요하다. 건축가들 중에서 건물의 외형을 중시하는 사람이 있는가 하면 내부에서 느껴지는 것을 더 중요하게 생각하는 사람도 있다. 사람마다 중요하게 생각하는 가치가 다르기 때문에 무엇이 더 중요하다고 말하는 것은 큰 의미가 없다. 건축물의 내부 공간에서 다양한 요소를 통하여 우리에게 새롭고 신비로움을 주는 건물을 소개하며 내부 공간의 중요성을 설파하고자 한다.

혹시 건물을 들어서면서 깜짝 놀란 경험을 한 적이 있는가? 혹은 건물을 이용하면서 내부 공간으로 인한 심적인 변화를 느껴본 적이 있는가?

• 다채로운 내부 공간

성당 내부

기차역 내부

호텔 로비

도서관 내부

story 2.
내부 공간에서 신비로운 경험을 하게 해주는 건축물

일반인들에게 건물 내부에 들어 왔을 때 가장 강한 느낌을 주는 것은 실내 인테리어일 것이다. 인테리어에 신경을 쓴 카페나 사무실, 병원 등에 갔을 때 좋은 느낌을 받은 적은 한 번쯤 있을 것이다. 사람을 끌어들여야 하는 상업시설과 의료시설이나 사람들이 오랜 시간 머물게 되는 업무시설과 주거시설 같은 경우 인테리어를 잘 꾸미는 것도 매우 중요하지만 여기서는 좀 더 건축적인 이야기를 하고자 한다.

사실 최근 들어서 인테리어는 굉장히 주목을 받고 있다. 셀프 인테리어로 집을 꾸미는 사람들이 많아졌고, 인테리어를 통해 좋은 이미지를 주고자 하는 시설들도 많이 생겨나고 있다. 이 책에서는 인테리어적 요소보다는 건축적인 요소 즉, 층고, 기둥 간격, 창문 등으로 인하여 다채로워지는 내부 공간에 대하여 이야기하고자 한다.

나의 작은 바램은 사람들이 인테리어에 관심 있어 하는 만큼 건물에 대한 관심도 많아져 좋은 건축에 대한 사진이나 정보도 공유하고, 관련 주제로 이야기도 하면서 좋은 건물이 많이 생길 수 있는 분위기를 만들어 갔으면 하는 것이다.

우리가 건물에 들어갈 때 제일 먼저 마주치는 것은 출입문이다. 정문이 되었든 후문이 되었든 문을 통과해서 우리는 건물에 진입하게 된다. 문을 통과하면서부터가 건물의 내부로 들어온 것인데, 실내로 들어서면서 놀라운 경험을 해 본 사람도 있을 것이고, 그런 경험이 전혀 없는 사람도 있을 것이다. 사람의 인지능력이나 민감도에 따라 다를 수도 있고 실제로 그런 건물에 가보지 않은 사람도 있겠지만, 놀라운 경험을 한 사람들에게는 나름의 공통된 요소가 있다고 생각하여 이에 대해서 말해 보고자 한다.

건물의 내부를 특별하게 만들어주는 첫 번째 요소는 층고다. 층고는 1개 층 바닥에서부터 다음 층 바닥까지의 높이를 뜻하는 단어다. 건물의 용도에 따라 조금씩 다르긴 하지만 우리가 주로 생활하는 집이나 사무실, 카페 등의 1개 층 층고는 3~5미터 정도이다. 이 정도 층고에 우리는 익숙해 있는데 이보다 더 높은 층고는 우리에게 다른 느낌을 준다. 물론 건물의 용도에 따라 우리에게 익숙해진 층고는 특별한 느낌을 자아내지는 않는다. 공장의 층고가 10미터가 된다고 해도 공장의 층고로는 그 정도가 익숙하므로 그러려니 할 것이고, 요즘 오피스 건물의 1층 로비는 2개 층으로 구성하는 경우가 많으므로 10미터 정도의 로비는 크게 다른 느낌을 주지 못한다.

이렇듯 조금은 예상 가능한 모습이나 익숙한 층고에서는 별다른 느낌을 받지 못하지만 20미터 정도 되는 로비를 보면 놀라지 않겠는가? 층고가 10미터가 되는 사무실이나 집을 본다면 놀라지 않을까? 이렇듯 놀랄 만한 높이의 층고로 내부 공간을 특별하게 만드는 건물을 살펴보자.

story 2.
내부 공간에서 신비로운 경험을 하게 해주는 건축물

• 다양한 층고의 건축물

주택

사무실

강당

창고

1개 층의 층고로 경외감을 불러일으키는 대표적인 건물이 고전주의 양식으로 지어진 성당이다. 로마네스크 양식이나 고딕 양식으로 지어진 성당은 외부의 화려한 모습으로도 아름다움을 발산하지만, 내부의 압도적인 모습으로도 신성한 느낌을 준다.

이러한 성당들은 층고가 굉장히 높으면서도 화려한 내부 장식과 창으로 스며드는 빛이 어우러져 신비로운 느낌마저 자아낸다. 고딕 양식의 대표적인 성당인 파리의 샤르트르 대성당이나 런던의 웨스트민스터 사원, 우리나라의 명동성당 등의 건물에 들어섰을 때 저절로 마음이 경건해지는 것은 모두 이러한 내부의 경이로운 모습 때문이다.

• 기독교 건물의 내부 공간

높은 층고의 아트리움을 품고 있는 건축물 역시 좋은 느낌을 자아낸다. 고대에서 아트리움은 중앙 마당을 뜻하는 단어로서 외부에 존재하였으나, 현대에 와서는 중앙 홀을 뜻하는 표현으로 건물 내부에서 전 층을 관통하는 형태를 취하면서 자연 채광, 환기 등 쾌적한 환경을 조성하기 위한 장치이자 층별로 분리된 사람들 간 소통할 수 있게 하는 공간의 역할을 수행하고 있다. 이는 건물을 이용하는 사람이 실내에 있지만 개방되고 쾌적한 느낌을 주며, 사람들의 시선을 교차할 수 있도록 계획하여 소통의 장을 만들어 준다.

우리들에게 친숙한 아트리움은 대형 쇼핑몰에서 흔히 볼 수 있다. 영등포의 타임스퀘어나 신도림의 디큐브 시티, 인천의 스퀘어원 등 우리

story 2.
내부 공간에서 신비로운 경험을 하게 해주는 건축물

주변에 있는 대형 쇼핑몰에서 아트리움을 활용한 사례를 쉽게 볼 수 있다. 쇼핑몰에서는 다른 층에 어떤 매장이 있는지 볼 수 있고, 쾌적한 환경을 제공하며 사람들 간의 시선을 교차하며 흥미를 유발하고, 호기심을 자극한다는 점에서 아트리움을 많이 적용하고 있다.

• 쇼핑몰의 아트리움

아케이드 형태의 아트리움

돔 형태의 아트리움

아트리움을 통하여 모든 층이 한 눈에 보이는 모습

아트리움은 요즘 회사를 대표하는 사옥이나 호텔, 대학교 건물에서도 흔히 볼 수 있다. 실내에서 오랜 시간을 보내는 사람들에게 쾌적한 환경을 제공하고, 다른 층의 사람들과 소통할 수 있도록 아트리움을 적극 활용하고 있다. 일부 사옥은 각종 공연이나 전시회 같은 문화 공간으로 활용할 정도로 아트리움은 여러모로 사용자에게 즐거움을 준다. 미국 오번 힐스에 있는 크라이슬러 본사와 우리나라의 강남 교보 타워 등이 대표적으로 사옥에 아트리움을 도입하여 좋은 공간을 만들어 낸 사례이다.

아트리움 공간을 잘 활용한 또 다른 대표적 시설은 도서관이다. 세계적으로 유명한 도서관들은 책을 보관하거나 별도의 실을 구성하지 않는 공적인 공간으로서 아트리움을 활용하여 시원하고 쾌적한 느낌을 준다. 아름다운 도서관으로 꼽히는 볼티모어의 조지 피바디 도서관이나 뮌헨 공과대학 도서관, 베이징 국립도서관 등의 내부 모습을 들여다보면 하나같이 아트리움을 활용하여 도서관의 딱딱하고 답답한 이미지가 아닌 밝고 활기찬 느낌을 주는 것을 알 수 있다.

• 다양하게 아트리움을 활용하는 모습

오피스 / 대학교 / 도서관

실내 공간을 풍요롭게 해주는 또 다른 요소는 빛이다. 우리가 집을 구할 때 그토록 남향을 선호하는 이유는 햇볕이 잘 들기 때문이다. 비단 주택뿐만 아니라 건축물에 있어서 향이 굉장히 중요한데 이는

story 2.
내부 공간에서 신비로운 경험을 하게 해주는 건축물

대부분 채광창을 통해 자연 빛을 내부로 유입하고자 함이다. 이렇게 유입되는 빛은 계절에 따라 시시각각으로 변하는 특징을 가지고 있다. 이러한 빛의 성질을 잘 활용한 건축가로는 루이스 칸과 안도 다다오가 있다.

루이스 칸은 "건축물에 닿기 전까지 빛은 자신의 존재를 알지 못했다."라는 말을 남겼을 정도로 빛의 존재를 인식시켜 주기 위한 건축물을 설계하였고, '빛과 콘크리트의 예술가'로 불리는 안도 다다오 역시 실내에서 자연광의 효과를 극대화 시키는 건축물을 많이 설계하였다. 대표적인 건축물로는 루이스 칸의 방글라데시 국회의사당과 필립스 엑시터 아카데미 도서관 그리고 안도 다다오의 걸작 빛의 교회가 있다.

두 건축가는 콘크리트 재료를 즐겨 사용한 공통점 또한 가지고 있는데 콘크리트를 타고 흘러들어오는 빛의 모습은 실내에 있는 사람들에게 경건함을 느낄 수 있게 해 준다. 이러한 느낌 때문에 기독교 건축물에서 창의 설계를 통하여 빛을 활용하는 모습을 많이 볼 수 있다. 일본 오사카의 주택가 안에 위치한 안도 다다오의 빛의 교회는 심플한 디자인이 큰 화제가 되기도 하지만, 예배당 뒤쪽으로 십자가 형상을 한 창을 통하여 들어 오는 빛 자체가 십자가가 되는 신성한 모습에 많은 사랑을 받고 있다.

건축 내부로 들어오는 빛을 통하여 신성한 느낌을 자아내는 또 다른 건축물은 르 꼬르뷔지에의 롱샹 교회이다. 프랑스 동부의 작은 시골 마을에 있는 롱샹 교회의 예배당은 신성한 느낌을 주기 위하여 다양한 크기의 창을 통해서 빛이 들어오고 있다. 르 꼬르뷔지에가 설계한 수많은 건축물 중에서도 최고의 작품으로 꼽히는 롱샹 교회는 빛을 통하여 내부에 생명력을 불어넣었다고 표현되는 큰 감동을 주는 건축물이다. 이 외에도 고딕 양식의 장미창이나 화려한 장식으로 된 창을 통하여 들어오는 빛 또한 사람들이 신성한 느낌을 주어 기독교 건물로서 역할을 충실히 수행하고 있다.

• 빛이 주는 경이로운 내부 공간

필립스 엑시터 아카데미 도서관

story 2.
내부 공간에서 신비로운 경험을 하게 해주는 건축물

빛의 교회

롱샹 성당

건축물에서 자연채광을 위하여 향을 고려하지만, 실내에서 생활하는 사람들에게 직사광선은 짜증을 불러일으킬 뿐 좋은 느낌을 주지 못한다. 실컷 외부를 유리 커튼월로 설계해 놓고 블라인드를 쳐서 생활하는 많은 건물들을 보면 이를 잘 알 수 있다. 직사광선은 사물을 변형시킬 수 있다는 점에서 어떤 시설에서도 그리 환영받지 못한다. 하지만 은은하게 들어오는 간접적인 빛은 이야기가 달라진다. 앞서 소개한 기독교 건축물에서도 사람들은 창을 통하여 직접 들어오는 빛의 느낌보다는 벽을 타고 은은하게 들어오는 빛의 느낌을 좋아한다. 이렇게 간접적인 빛은 천창을 통하여 유입되는 경우가 많은데, 천창을 통하여 하강해서 들어오는 빛은 우리에게 외벽의 창으로 들어오는 빛과는 또 다른 느낌을 준다. 고전 건물 중에 돔 중간에 커다란 구멍이 뚫어진 건물이 있는데 이탈리아 로마에 있는 판테온이 그 주인공이다. 판테온은 신전으로서 돔은 하늘을 의미하는데 돔의 중앙에 지름 8.3미터의 커다란 원형의 오쿨루스를 통하여 들어오는 빛은 이 건물 내부로 들어와 장관을 연출한다.

• 천창의 원조 판테온

판테온 외부 모습

story 2.
내부 공간에서 신비로운 경험을 하게 해주는 건축물

판테온 내부 돔

현대에 와서 천창은 주로 아트리움과 같이 건물 중앙에 위치하여 외벽의 창으로는 빛의 유입이나 자연환기가 힘든 곳에 설치하지만, 이런 기능적 측면 이상의 효과를 창출하는 좋은 건축물이 많이 있다. 대표적인 건물이 프랭크 로이드 라이트의 존슨 왁스 사옥과 루이스 칸의 킴벨 미술관 그리고 알바 알토의 비푸리 도서관이다.

프랭크 로이드 라이트가 설계한 존슨 왁스 사옥의 둥근 버섯 모양의 기둥과 불투명한 유리의 지붕이 연출해 내는 내부공간은 그야말로 장관이다. 특히나 천창을 활용하여 대규모 공간에 밝은 빛을 유입하는 방식은 인공적인 등기구로는 절대로 만들어 낼 수 없는 공간을 제공한다는 점에서 더욱 빛이 나는 건축물이다. 그리고 빛이 창을 통하여 바로 들어오지 않고 벽에 반사되어 간접적으로 들어오는 빛을 잘 활용한 건축물이 루이스 칸의 킴벨 미술관이다.

천창을 통하여 들어온 빛은 구조적인 필터링을 걸쳐 내부로 들어오게 되는데, 작품을 감상하는 데 있어 적절한 조도를 제공하며 은은한 분위기를 만들어 준다. 핀란드의 대표적인 건축가 알바 알토의 비푸리 도서관은 열람실에 그늘이 지지 않도록 원통형 굴뚝 천창을 활용하여 자연광을 내부로 확산시키고 있다. 이 또한 인공조명이 낼 수 없는 특별한 경험을 하게 해 준다는 점에서 좋은 건축이라 할 수 있다.

• 천창을 통하여 들어오는 빛에 의한 은은한 분위기의 공간

킴벨 미술관

비푸리 도서관

건축물의 내부에서는 창을 통하여 빛이 유입되기도 하지만 외부의 풍경이 전해지기도 한다. 바깥의 풍경은 어쩌면 외부에 의해서 정해져 있다고 할 수 있지만, 창이라는 프레임을 통하여 보여지는 풍경은 또 다른 감동을 주기 때문에 내부 공간을 풍요롭게 하는 세 번째 요소는 바로 창을 통하여 들어오는 풍경이다. 우리가 집을 구할 때 향을 따지는 이유가 채광 때문이기도 하지만, 조망권을 고려해서이기도 하다. 저층보다 고층을 선호하는 이유도 높은 곳에서 바라보는 시원한 풍경이 저층에서 다른 건물에 막힌 답답한 풍경보다 훨씬 낫기 때문이다. 이는 사무실도 마찬가지고, 호텔과 같은 숙박시설에서는 말할 필요도

없다. 요즘 고급 호텔의 로비가 고층에 위치하는 것을 볼 수 있는데 이 또한 엘리베이터를 타고 내렸을 때 활짝 펼쳐지는 그 건물만의 전망을 과시하기 위함이다. 자연이 아름다운 곳에서는 창밖의 자연 풍경이, 도심지에서는 밤을 밝히는 불빛들로 인한 야경이 보이는 공간이 좋은 내부 공간을 형성한다. 여행을 갔을 때 리조트나 호텔을 선택할 때 뷰를 정말 중요시하고, 분위기 좋은 레스토랑을 예약할 때 창가로 앉으려는 이유는 모두 내부 공간에서 창밖으로 보이는 뷰 때문이다.

• 건물에서 바라보는 다양한 View

자연 풍경

도시의 야경

한적한 시골 풍경

미술관 내부에서 바라본 풍경

좋은 뷰를 가지고 있는 건축물은 셀 수 없이 많지만, 독특한 뷰로 사랑받는 건축물을 조금만 살펴보고 넘어가자. 싱가포르를 여행하는 관광객들이라면 꼭 한번 마주치거나 찾게 되는 건축물이 마리나 베이 샌즈 호텔이다. 우리나라에서는 쌍용건설이 시공하여 국내 시공의 우수성을 보여주는 건축물로도 이름을 알린 마리나 베이 샌즈 호텔은 기울이게 설치된 독특한 형태만큼이나 옥상에 설치된 수영장으로 유명하다. 인피니트 풀(Infinite Pool)이라 불리는 이 수영장에서는 높은 위치의 아찔함과 동시에 마리나 베이의 탁 트인 전망과 마천루가 어우러진 멋진 야경을 바라볼 수 있다는 점에서 색다른 느낌을 선사한다.

야경 이야기가 나와서 말인데, 야경이 아름답기로는 서울도 세계 어느 도시에 뒤지지 않는다. 이러한 서울의 아름다운 야경을 가장 잘 볼 수 있는 곳이 남산타워이다. 전망대에 올라가 야경을 바라보는 것도 좋지만, 이곳에 있는 레스토랑은 360도로 회전을 하며 식사를 하는 동안 손님에게 서울 전체 야경을 선물해 준다는 점에서 독특하면서도 좋은 느낌을 준다. 주변 경관은 우리가 손댈 수 없고 내부에서 어떤 풍경을 향해 창을 낼 것인지가 우리가 할 수 있는 일인만큼 창을 설계하는 것이 얼마나 중요한지를 알았으면 한다.

story 2.
내부 공간에서 신비로운 경험을 하게 해주는 건축물

• 남다른 View를 과시하는 건축물

마리나 베이 샌즈 호텔 인피니트 풀

남산타워 전망대

　내부의 공간을 특별하게 만들어 주는 마지막 요소는 기둥 간격이다. 사람들은 유독 탁 트인 공간을 선호한다. 좁고 답답한 느낌보다는 가슴이 뻥 뚫리는 넓고 시원한 느낌을 선호하는 것은 어찌 보면 당연해 보인다. 앞서 층고의 이야기도 했지만, 내부에 기둥이 없으면 시각적으로 가려지는 것이 적기 때문에 시원한 느낌을 자아낼 수 있다. 건물의 용도에 따라 기둥 간격이 넓어야 하는 건축물이 있는가 하면, 경제적인 측면과 주차장 배치를 고려하여 적절한 기둥 간격을 요구하는 건축물이 있다. 여기서 이야기하고자 하는 건축물은 무주공간으로 좋은 느낌을 선사하는 건물이다.

　기둥은 구조적으로 꼭 필요한 요소이나 시선을 차단하거나 공간을 막는 걸림돌로 작용하는 경우가 많다. 결혼을 준비하면서 예식장을 구경해 본 사람들은 잘 알겠지만, 예식장마다 기둥이 없어서 시선을 차단하지 않아 좋다고 홍보하는 것을 볼 수 있다. 예식장은 그렇다 치더라도 사람들이 모여서 무엇인가를 관람하는 곳에는 기둥이 있어서는 안 된다. 대표적인 시설로서 영화관이나 공연장, 운동 경기장을 들 수 있다. 수영장에도 기둥이 없으며, 워터파크 같은 곳에도 기둥이 매우 드물게 있는 것을 발견할 수 있다. 앞서 언급했듯이 시선을 차단하지 않고 동선을 방해하지 않게 하려고 기둥이 없는 공간으로 구성하는 것이다.

• 일상 속의 무주 공간

그렇다고 모든 무주공간을 좋은 건축, 좋은 공간으로 칭하기는 어렵다. 뒤에 나올 구조에 관한 이야기를 통해서 자세히 다루겠지만, 무주공간을 구성하기 위해서는 특별한 구조 방식이 필요하다. 우리가 흔히 볼 수 있는 철근콘크리트 구조나 철골 구조로는 특별한 느낌을 줄 만큼 거대한 무주공간을 만들기는 어렵다.

story 2.
내부 공간에서 신비로운 경험을 하게 해주는 건축물

그래서 트러스 공법이나 현수 구조, 쉘 구조 등을 활용하여 무주공간을 구성하는 것을 볼 수 있는데 대표적인 시설이 공항이나 역사, 대형 전시장, 실내 경기장 등이다. 이러한 시설의 내부에 들어서면 넓은 공간만큼이나 탁 트인 시선으로 가슴이 뻥 뚫리는 듯한 느낌을 받을 수 있는데 이는 분명 우리에게 큰 즐거움을 선사한다. 대표적인 건물로는 파리의 라데팡스의 CNIT 건물과 뉴욕에 있는 매디슨 스퀘어 가든(Madison Square Garden) 건물을 들 수 있다.

유럽 최대의 비즈니스 지구인 프랑스 라데팡스에 있는 CNIT 건물은 국제회의소, 호텔, 상업시설이 혼재해 있는 복합 시설물이다. 쉘 구조로 되어 있는 이 건물은 218미터나 되는 거대한 무주공간으로 구성함으로써 구조의 아름다움을 보여줄 뿐만 아니라 유동 인구가 많은 복합 시설물에서 이용자들의 동선이나 시선을 전혀 차단하지 않는다는 점에서 기능적으로도 충실하다. 하지만 무엇보다도 실내 공간에서 무주공간이 주는 경이로움과 신선함이 이 건물의 가장 큰 장점이라 하겠다.

뉴욕에 있는 매디슨 스퀘어 가든은 지붕을 현수 구조로 계획하여 거대한 무주공간을 형성하였다. 이 건물은 1968년에 지어져 NBA 농구 경기, 유명 가수들의 콘서트, 각종 이벤트가 열리는 세계에서 가장 유명한 아레나 경기장이다. 실내 경기장은 대부분 무주공간으로 구성되어 있지만, 매디슨 스퀘어 가든은 현수 구조라는 독특한 구조와 동그란 원형이 만들어 내는 색다른 느낌으로 많은 사랑을 받지 않나 생각해 본다.

• 무주공간을 잘 활용한 건축물

CNIT 외부

CNIT 내부

메디슨 스퀘어 가든 외부

메디슨 스퀘어 가든 내부

　　외형에 이어 내부 공간에 대해서 살펴보았다. 단순히 인테리어를 잘해서 좋은 느낌을 주는 것이 아닌 건축의 기본적인 요소 즉, 층고, 창, 기둥 간격의 변화로 인해 풍성해지는 내부 공간에 대하여 이야기하였다. 많은 사람들이 건물 내부의 인테리어에는 관심을 가지고 있지만, 층고나 창, 무주공간을 활용한 내부 공간의 변화에는 크게 신경을 쓰지 않는다. 아직 그러한 공간이 많지 않아서 그럴 수도 있다. 하지만 의식 있는 건축가들의 노력이 일반인들에게도 고스란히 전해질 수 있도록 건물에 들어섰을 때 '지하인데 왜 이렇게 밝지?'라든지, '이 넓은 공간에 기둥이 없네!'라든지 '여기는 한 층이 정말 높구나!'와 같은 느낌을 받았다면 좀 더 관심을 가지고 어떠한 건축적 요소로 그런 느낌을 자아내게 했는지 생각해 보았으면 한다.

story 2.
내부 공간에서 신비로운 경험을 하게 해주는 건축물

주변과 조화로운 건축물

03

　건축물은 땅이 없이는 존재할 수 없다. 물론 우리나라의 세빛둥둥섬처럼 플로팅 건축이라고 해서 물 위에 떠 있는 건축물이 존재하기도 하지만, 대부분의 건축물은 땅 위에 지어져 있다. 이러한 특징으로 인하여 건축물은 대지의 영향을 굉장히 많이 받는다. 건축가가 설계 의뢰가 들어올 때 가장 먼저 하는 작업 중에 하나가 현장을 답사하는 것인데 이는 건축물이 지어질 대지의 형태와 주변 상황을 파악하기 위함이다. 좋은 건축물의 요건 중에 하나로 '그 부지에 얼마나 잘 녹아 들어가 있는지?'로 판단하는 것도 주변과의 조화가 그만큼 중요하다는 뜻이다. 따라서 이번 장에서는 주변과 조화로운 모습으로 좋은 느낌을 선사하는 건물을 살펴보고자 한다.

건물은 자연 속에 지어질 수도 도심지에 지어질 수도 있다. 주변에 아무 건물도 없이 자연으로만 둘러싸인 땅에서부터 빼곡히 고층건물이 둘러싸고 있는 대지까지 자연과 건물의 밀집도에 차이는 있겠지만, 이들로 둘러싸인 장소에서 건물은 지어지게 된다. 자연 속에서는 주변 환경과 잘 어우러지는 건물을, 도심지에서는 주변 건물들과 조화로운 건물을 짓는 것이 좋은 계획이 된다.

　자연 속에 좋은 건물을 짓는 것은 우리 조상들이 어느 누구에게도 뒤지지 않는다. 예부터 우리 한옥은 자연과 어우러지는 디자인을 추구하고 재료나 기능 면에서도 자연 친화적인 모습을 보이고 있다. 자연 속에 짓는 건물이 좋은 건축물이 되기 위해서는 일단 자연을 최소한으로 훼손해야 한다. 현대에는 경사지에 건물을 지을 때 땅의 일부를 깎아내어 평탄하게 만든 후에 건물을 짓는 것이 일반적이지만, 우리나라의 한옥은 기단과 주초의 높이를 다르게 쌓아 지형에 순응하는 방식을 취하고 있다. 그리고 배산임수의 풍수 지리적 위치에 지어진 한옥은 산 능선과 잘 어우러지는 지붕 처마 선을 가지고 있으며, 자연 재료인 목재와 돌을 사용하고 있다는 점에서 외형적인 측면에서도 참으로 자연과 조화로운 모습이다. 그뿐만 아니라 내부에서 자연을 대하는 태도 또한 한옥은 우수한데, 주변 자연경관을 고려하여 만든 창과 문은 좋은 프레임이 되어 수시로 변하는 자연을 감상할 수 있게 해 준다.

story 3.
주변과 조화로운 건축물

• 주변 자연과 조화를 이루는 한옥

한옥-1

한옥-2

　자연 속에 있으면서 한옥과는 조금 다른 모습으로 주변과 조화를 이루는 건물이 있었으니, 건축을 좋아하는 사람이라면 한 번쯤은 들어 봤을 프랭크 로이드 라이트가 설계한 낙수장(Falling Water)이다. 건축주인 에드거 J. 커프먼은 라이트에게 펜실베이니아에 위치한 산속에 휴양용 별장을 지어달라고 의뢰하였다. 그 산에는 하천이 폭포로 변하는 장관을 연출하는 곳이 있어 커프먼 가족은 이를 고려하여 설계해 줄 것을 요청하였는데 라이트는 놀랍게도 폭포 위에 집을 짓는 설계안을 제시하였다. 라이트에게 자연은 그저 바라보는 존재가 아닌 함께 어울려 적극적으로 소통하는 존재로 인식한 것이다.

　이렇게 탄생한 낙수장은 비록 내부가 습하여 사람이 지내기는 어렵다고 하지만 일반인들에게 공개되면서 관광지로서 엄청난 사랑을 받고 있다. 우리나라의 한옥처럼 자연을 크게 훼손하지 않으면서, 곡선이 아닌 직선도 자연과 잘 어울릴 수 있다는 것을 보여주는 좋은 건축물이다.

• 자연을 적극적으로 활용한 낙수장

폭포수가 건물 내부를 관통하는 모습

자연 속에 묻힌 모습

바위 위에 세워진 모습

　도심에서는 건물이 어떤 방식으로든 존재감을 드러내야 눈에 띄게 되어 사람들의 관심을 받겠지만, 자연 속에서는 건물이 자신의 존재를 숨기고 자연 속에 묻혀 자연과 하나가 되는 건물이 좋은 느낌을 준다. 앞서 살펴본 한옥과 낙수장이 그랬지만 지금 소개할 필립 존슨의 글라스 하우스는 한

story 3.
주변과 조화로운 건축물

발 더 나아가 건물 외벽이 유리로 투명하게 설계되어 자연과 완전히 하나가 되었다. 드넓은 정원에 화장실을 제외한 모든 실이 오픈된 투명한 건물로 자연 빛과 풍경이 내부로 유입되기도 하고, 때로는 외부 유리가 자연을 반사하여 건물이 사라지며 자연과 일체 되기도 한다.

사실 코네티컷 정원이 그렇게까지 넓지 않고, 본인이 살 집이 아니었다면 프라이버시와 에너지 문제 등으로 비판의 소지가 있을 수도 있었을 것이다. 하지만 이 집은 자연을 마음껏 즐기고 싶은 필립 존슨이 자신의 집을 설계한 것이기 때문에 전혀 문제없이 사용되었으며, 현대 건축의 상징적 건축물로 자리 잡았다. 우리나라의 한옥과 마찬가지로 자연 속에 묻혀 계절에 따라 시시각각 변하는 풍경을 감상하는 것은 이 건물이 주는 큰 즐거움이며, 주변 환경을 잘 활용한 건축물이라 할 수 있다.

• **자연과 하나가 되어버린 글라스 하우스**

내부 화장실을 제외하고는 모두 유리로 둘러 싸인 모습

단순히 하나의 건물이 아니라 전체적인 마을의 느낌이 자연환경과 조화로운 모습은 우리에게 큰 감동을 선사한다. 대표적인 곳이 우리나라의 경주 양동마을이나 그리스의 산토리니 섬, 오스트리아의 할슈타트와 같은 지역이다.

• 마을 전체가 큰 감동을 선사하는 모습

양동 마을

산토리니

할슈타트

한옥의 전통적인 모습이 무려 500여 년 동안 잘 보존되어 있어 유네스코 세계문화유산으로도 지정된 경주 양동마을은 우리나라 조상들의 삶의 지혜와 자연을 대하는 태도가 잘 담겨 있다. 마을은

story 3.
주변과 조화로운 건축물

설창산의 문장봉에서 산등성이가 뻗어 내려 네 줄기로 갈라진 능선과 골짜기가 지나는 곳에 위치해 있는데, 이러한 지세를 훼손하지 않고 능선과 골짜기를 따라 160여 채의 고가옥과 초가집이 우거진 숲과 함께 살포시 놓여 있다. 고층 빌딩이 빼곡하게 들어 서 있는 각박한 도시와는 다르게 자연 속에 푸근하게 자리 잡은 나지막한 건물들이 시골의 정겨움을 자아낸다. 한옥 한 채도 자연과 조화로운 모습으로 좋은 느낌을 준다고 앞서 이야기했었는데, 그러한 한옥이 수십 채가 함께 어우러져 있으니 양동마을이 주는 감동은 이루 말할 수 없을 정도이다.

우리에게는 음료수 광고지로 유명한 그리스의 산토리니 섬은 파란 하늘과 에메랄드빛의 바다, 그리고 산비탈에 빼곡히 펼쳐진 하얀 집의 조화로운 모습이 눈에 선할 정도로 우리에게 강한 인상을 남긴다. 특히 우리에게 잘 알려진 산토리니 섬의 모습은 이아마을과 피라마을인데, 절벽에 위치하여 드넓은 바다를 향하여 아기자기하게 펼쳐져 있는 하얀 집들은 정말 한 집 한 집이 한 폭의 그림처럼 아름답다. 낮에는 이렇게 눈부신 아름다움을 선사하고, 저녁에는 석양에 붉게 물든 집들이 또 다른 감동을 전해 준다.

다음으로 살펴볼 마을은 우리에게 사운드 오브 뮤직의 배경으로 잘 알려진 오스트리아에 위치한 할슈탈트 마을이다. 할슈탈트 마을은 경주 양동마을보다 앞서 유네스코 세계문화유산에 지정될 정도로 아름다운 호수와 산을 배경으로 동화 같은 건물들이 배치되어 있다.

아름다운 호수에 비친 건물과 풍경의 모습은 이 마을의 가장 아름다운 장면이다.

이렇게 하나의 건물이 아니라 마을 전체가 주변 환경과 잘 어우러진 모습은 많은 사람들의 사랑을 받을뿐더러 유네스코에서 세계문화유산으로 지정해서 보전할 정도로 가치가 있는 공간이다. 경제적 논리에 따른 개발의 유혹으로 인해 많은 전통 마을이 파괴되어 가는 상황에서 이렇게 어느 건물 하나 튀지 않고 주변과의 조화를 이루고 있는 마을의 아름다운 모습은 우리에게 시사하는 바가 크다.

이제는 자연을 벗어나 도시 쪽으로 가 보자. 도시 속이기는 하지만 건물로 둘러싸여 있지 않은 공터 위에 건물을 짓는다고 한다면 주변 건물의 영향을 상대적으로 덜 받기 때문에 건축가가 형태적인 측면에서는 자신의 기량을 마음껏 발휘할 수 있다. 물론 이럴 때에도 주변에 고려해야 할 주요한 사항들이 있지만, 외관을 자유롭게 설계할 수 있다는 점에서 건축가들이 한 번쯤 설계해 보고 싶은 부지이다. 이런 부지 위에 지어진 건물 중에 전 세계적으로 사랑받는 두 건축물이 있다. 하나는 시드니 오페라 하우스이고, 하나는 빌바오 구겐하임 미술관이다. 두 건물은 워터 프런트(Water Front) 건물, 즉 전방에 물이 있는 부지 위에 지어졌다는 공통점을 가지고 있다.

story 3.
주변과 조화로운 건축물

• 물을 배경으로 자태를 뽐내는 두 건축물

시드니 오페라 하우스

빌바오 구겐하임 미술관

시드니 오페라 하우스는 시드니 항구의 반도 끝에 위치하여 뻥 뚫린 부지에서 해양 경관과 어우러져 마음껏 자태를 뽐내고 있다. 거기에 멀찌감치 보이는 하버 브릿지와는 환상의 콤비를 이뤄 세계적인 관광지로 손꼽힌다. 1장에서도 소개한 시드니 오페라 하우스는 독특한 형태가 이러한 부지 위에 지어졌기 때문에 더 큰 사랑을 받는 것이다.

필자도 이곳에 가 본 적이 있는데 시드니 오페라 하우스 주변은 낮과 밤을 불문하고 정말 기분 좋아지는 공간이다. 페리를 타고 지나가면서 보는 모습 또한 장관이며 밤에 하버 주변에 위치한 펍에서 느껴지는 분위기는 낮과는 또 다른 활기찬 느낌을 선사한다. 시드니 오페라 하우스가 도심 속에서 건물들에 둘러싸여 있었다고 하면 지금과 같은 큰 감동을 주지는 못할 것이다. 우리나라 송도 컨벤시아 센터가 이와 유사한 모습을 하고 있지만 큰 감동을 주지 못하는 것만 봐도 알 수 있다.

많은 건축물이 도시를 대표하기도 하고 건물로 인하여 도시가 관광지로 조성되기도 한다. 그만큼 좋은 건축물은 도시의 이미지에 있어서도 꼭 필요하다. 지금 소개할 건물은 낙후된 도시 빌바오를 일약 최고의 관광지로 바꾸어 놓은 빌바오 효과의 주인공 구겐하임 미술관이다. 낙후된 공업도시였던 빌바오를 정부에서는 문화 도시로 바꾸어 보고자 근현대 뮤지엄 건축을 계획하던 차에 구겐하임 재단의 제안으로 구겐하임 미술관을 짓게 되었다. 시드니 오페라 하우스와 마찬가지로 설계 공모를 진행하였고, 지금의 모습인 프랭크 게리의 설계안을 선택하게 되었다. 네르비온 강변에 위치한 부지는 뒤편으로는 건물들이 위치하고 있지만, 앞에는 강이 펼쳐져 오페라 하우스와 같은 워터프런트 부지이다. 프랭크 게리는 이러한 지리적 위치를 잘 살려 본인이 추구하는 자유로운 형태를 원 없이 펼쳐 보였다. 조각 같은 형상과 비선형 기법이 특징인 해체주의의 전형적인 건축물로서 그 누구도 흉내 낼 수 없는 독창적인 건물이다. 이렇게 화려하고 독특한 형태가 주변을 압도하기는 하지만 네르비온강의 물결과 조화를 이루며 사람들을 끌어들이고 소통하려는 제스처를 취하고 있다.

이렇듯 시드니 오페라 하우스와 빌바오 구겐하임 미술관의 독특한 형태는 이러한 부지를 만나 더욱더 빛을 발하게 된 것이다.

다음은 좀 더 도심으로 들어가 보자. 도시의 역사를 거슬러 올라가면 이집트나 그리스 시대까지 갈 수 있지만, 그 당시의 모습이 현재까지 남아 있는 경우는 거의 없으므로 도심 속 조화로운 건축물을 살펴보기 위해서는 유럽에서 아직까지도 잘 보존되고 있는 중세 도시 속의 건물과 산업혁명 이후 급속도로 형성된 현대 도시 속의 건물로 나누어 이야기하는 것이 좋겠다.

story 3.

주변과 조화로운 건축물

유럽의 많은 도시가 중세 도시의 아름다움을 잘 간직하고 있는데 중세 도시의 특징이라고 하면 성곽, 성당, 광장, 좁은 골목길 등을 들 수 있다. 지금이 만약 중세 시대였다면 그 시절의 건축 재료와 기술을 활용하여 주변 건물과 유사한 모습으로 설계하는 것이 도시와 조화로운 건물을 짓는 좋은 계획이라 할 수 있다. 중세 도시의 모습을 잘 간직하고 있는 독일의 하이델베르크, 오스트리아의 잘츠부르크, 스위스의 취리히, 스웨덴의 스톡홀름 같은 도시의 모습을 보면 유사한 형태의 지붕과 재료를 사용하여 전체적으로 조화로운 모습에 큰 감동을 선사한다.

• 중세 도시의 모습을 잘 간직하고 있는 유럽 도시

하이델베르크

잘츠부르크

취리히

스톡홀름

몇몇 도시는 유네스코 문화유산으로 지정되어 보호를 받고 있는 만큼 중세 시대의 건물은 잘 보존하는 것이 몹시 중요하다. 하지만 현대로 넘어온 지금 이러한 도시에 사무실, 병원, 문화시설과 같은 새로운 시설이 요구되거나 기존 건물의 수명이 다하여 새로운 건물을 지어야 할 때 주변 건물과 조화로운 모습을 위하여 유사한 재료와 형태를 도입하는 것이 최선의 대안이라 할 수는 없다. 물론 이런 방식도 좋은 대안이 될 수 있지만, 좋은 건축은 주변과의 조화뿐만 아니라 시대적 상황을 반영하는 것이 중요하기 때문에 건축 재료와 기술이 발달했음에도 중세 시대에도 지을 수 있는 건물을 계획하는 것이 최선의 대안은 될 수 없다.

그래서 이러한 도시에 좋은 건물을 설계하는 것은 건축가에게는 굉장히 도전적이고 힘든 일이다. 주로 대리석이나 돌로 이루어진 중세 시대 건물에 유리나 철과 같은 이질적인 재료가 조화를 이루기는 정말 힘든 것이다. 사실 '이 건축물이 이 도시와 조화롭냐?'라는 질문에 조금의 망설임도 없이 그렇다고 답하기는 어렵다. 겉모습만 봐서는 중세 도시에 우주선이 안착해 있는 것 같은 모습이라 처음 봤을 때는 '당연히 저게 뭐야?'라고 의구심을 가질 수밖에 없다.

지금 소개하고자 하는 건축물은 바로 오스트리아 그라츠에 있는 쿤스트 하우스이다. 그라츠는 오스트리아 제2의 도시로서 중세 시대의 모습을 잘 보존하고 있어 유네스코에 등재된 도시 중 하나다. 창 하나를 내기조차 쉽지 않을 만큼 보수적인 도시에서 이러한 급진적인 건물이 탄생했다는 것이 믿기지 않는다. 하지만 실험적인 건축을 추구하는 조직인 아키그램을 창설한 피터 쿡과 콜린 푸르니에가 설계한 쿤스트 하우스는 초반의 부정적인 시선만을 제외하면 주민들에게 '친숙한 외계인'이라는 별칭을 얻을 정도로 큰 사랑을 받고 있는 건물이다.

무어 강을 중심으로 동서로 나뉜 그라츠의 문화적, 경제적 격차를 극복하고자 계획된 쿤스트 하우스는 외계 생명체와 같은 모습을 하고 있는 문화 시설이다. 자유로운 형태와 조명을 장착한 청색 아크릴판으로 구성된 이 건물은 형태, 색채, 재료 등 어느 것도 이 도시와 어울리지 않아 보인다. 하지만 규모에서는 아주 적절해 보인다. 건축물이 주변과 조화를 이루는 데에 규모는 굉장히 중요하다. 중세 도시는 저층 건물과 좁은 골목길이 특징인데, 주변 건물과 비슷한 규모로 지어진 쿤스트 하우스는 휴먼 스케일(Human Scale)로 보아도 큰 거부감이 없다. 맞은 편의 슐로스베르크의 언덕에서 보면 형태적으로는 굉장히 튀는 모습이지만 도시에 살포시 안착해 있는 모습이 묘하게 조화롭다는 느낌마저 든다.

• 중세 도시 그라츠에 찾아 온 외계 생명체 쿤스트 하우스

그라츠 전경

다소곳이 앉아 있는 쿤스트 하우스

많은 건축가들이 칭찬하고 많은 이들의 사랑을 받고 있다고 해서 무조건적으로 쿤스트 하우스가 도심과 조화로운 좋은 건축물이라고 강요하고 싶지는 않다. 하지만 아주 이질적인 재료와 형태가 만나도 좋은 느낌을 자아낼 수 있음을 나누고자 이 건물을 소개하였다.

유럽에서는 이처럼 전통적인 도시의 모습을 잘 보존하면서도 시대의 요구사항을 반영한 현대적인 건축물이 도심 속에 자연스럽게 잘 스며든다. 런던이나 파리, 바르셀로나와 같은 도시에서 초고층 빌딩이 들어서는 등 현대적인 모습을 갖추어 나가고 있지만, 부지의 선정이나 건물이 도시에 미칠 영향을 철저하게 검토할 만큼 도시의 역사와 전통을 보존하려는 모습을 볼 수 있다.

역사와 전통을 자랑하는 유럽 도시와는 달리 상대적으로 역사가 짧은 미국의 도시는 느낌이 사뭇 다르다. 자연스럽게 형성된 유럽 도시는 오래된 건축물과 좁은 골목길이 특징이지만 계획적으로 생겨난 미국의 도시는 격자형 도로와 고층 빌딩이 특징이다. 대표적인 도시로 시카고와 뉴욕을 들 수 있다. 세계적인 물류 중심지이자 상공업 중심 도시인 시카고는 잘 정비된 도시계획과 아름다운 고층 건물이 많아 건축물 투어가 관광 상품으로 있을 정도로 인기가 많다. 1871년에 도시 전체가 소실될 규모의 대형 화재를 겪은 시카고는 시카고 태생의 건축가이자 도시계획가였던 다니엘 번햄의 시카고 플랜과 루이스 설리반을 중심으로 한 시카고학파의 노력으로 현재와 같은 아름다운 모습이 탄생하게 되었다. 교통체계의 정비나 수변 지역, 공원과 같은 전반적인 도시계획이

story 3.
주변과 조화로운 건축물

시카고 플랜에서 나왔다면 철골 구조를 바탕으로 한 고층 건물의 계획은 시카고학파의 몫이었다. 무역이 발달하기 좋은 지리적 요건을 가진 뉴욕 역시 시카고와 마찬가지로 국제적인 상업 도시가 되면서 급속도로 발전한다. 부자들이 뉴욕에 대저택을 짓기 시작하였으며, 대공원, 아파트, 고층빌딩 등 현재 뉴욕의 모습이 갖추어져 갔다.

• 마천루 도시의 모습

시카고

뉴욕

개성이 넘치는 도시 입면

주변과 조화를 강조한 도시 입면

마천루의 도시라고 불리는 두 도심 속에서는 유럽의 중세 건축물보다는 현대적인 모습의 고층 빌딩이 훨씬 더 잘 어울린다. 시카고의 상징이라고 할 수 있는 윌리스 타워로 이름이 바뀐 시어스 타워나 존 행콕 센터, 뉴욕의 엠파이어 스테이트 빌딩, 크라이슬러 빌딩 등은 도시의 풍경을 지배하는 건물이다. 이렇게 고층 빌딩이 즐비한 도심 속에서 주변과 어울리는 좋은 건물을 짓는 방안이 무엇이다라고 딱 잘라 말하기는 어렵다.

앞서 소개한 윌리스 타워나 엠파이어 스테이트 빌딩과 같은 건물들이 주변과의 조화보다는 자신의 모습을 뽐내고 있지만, 이들을 도시와 조화롭지 않다고 말할 수는 없기 때문이다. 개인적인 생각으로는 이러한 현대적인 도시에서는 여러 개성 있는 건물들이 공존해서 조화를 이룬다고 생각한다. 형태는 아무래도 제약이 많아 다양성을 추구하기는 힘들겠지만, 창을 내는 방식이나 재료를 달리하여 다양성을 추구할 때 도시 경관이 더욱 풍성해질 수 있다. 오히려 주변과 조화를 이룬답시고 옆의 건물과 굉장히 유사한 형태와 재료를 사용하는 것은 풍경을 단조롭게 만드는 요인인 것 같다. 판교에 가면 놀랍도록 비슷한 건물들이 즐비해 있는 것을 볼 수 있는데, 결코 좋은 모습이 아니라고 생각한다.

story 3.
주변과 조화로운 건축물

• 도심 속에서 개성을 뽐내는 건축물

윌리스 타워

존 핸콕 타워

　지금까지 주변과 조화로운 모습에 좋은 느낌을 주는 건축물을 살펴보았다. 건축물은 대지 위에 지어 지고 홀로 서 있는 존재가 아니므로 대지의 위치, 형상, 주변 환경을 고려하는 것은 굉장히 중요하다. 좋은 건물이 되기 위해서는 그 장소에서 나 홀로 빛을 내는 것보다도 장소에 녹아드는 것이 무엇보다도 중요하다.

　마지막으로 마리오 보타가 강조한 건축의 장소성에 대한 말을 끝으로 이 장을 마무리하려 한다.

"나는 건축에서 장소성을 아주 중요하게 생각한다. 장소는 단순히 건물이 세워지는 대지라는 의미뿐만 아니라, 그곳에서 살아가는 사람의 추억이나 기억을 담고 있다. 사람이 길을 찾을 때나 추억을 떠올릴 때 그곳에 있는 건물이 기억의 중심이 되기도 한다. 난 그 사실을 항상 염두에 둔다."

story 3.

주변과 조화로운 건축물

Story 4

새로운 스타일의 건축물

04

　예술 분야에서는 시기별로 시대 상황과 지역 특징, 사상, 문화 등에 따라 특정한 양식이 만들어지게 된다. 헬레니즘, 낭만주의 등과 같이 무슨 주의나 무슨 ~ism으로 표현되는 말들이 시대별로 만들어진 양식(Style)에 해당한다. 건축 분야도 마찬가지로 시대가 변함에 따라 양식이 진화하고 새로운 양식이 생겨나면서 발전해 오고 있다. 그리스 로마 시대 양식을 고전주의라 부르며 이후 르네상스를 지나 바로크 양식, 로코코 양식, 근대, 현대 양식으로 이어지며 예술과 비슷하게 건축도 발전해 왔다. 지금은 어느 정도 시간이 지나 그렇게 특별해 보이지 않는 건축물이라 할지라도 지어질 당시에만 해도 엄청난 파급력을 가졌던 건축물들이 있다. 이런 건축물을 살펴보면서 비슷비슷한 건축물이 아닌 새로운 시도가 얼마나 세상을 변화시켜

왔으며, 얼마나 중요한지를 독자들이 느낄 수 있었으면 한다.

어느 분야에서든 새로운 양식은 논란의 대상이 되면서 때로는 대작으로 이름을 남기기도 하고, 때로는 한낱 유행으로 끝나 버리기도 한다. 에펠탑과 로스하우스 같은 대작들이 당시에는 꼴도 보기 싫은 흉물로 취급을 받았으며, 판스워스 주택이나 빌라 사보아 같은 모더니즘을 대표하는 건물도 정작 건축주에게는 외면당하는 모습을 보면 새로운 양식이 논란이 될 소지는 충분히 있어 보인다. 종교 건축이 주를 이루던 시대에는 양식이 로마네스크, 고딕, 바로크 등 다양하게 변화하긴 했지만, 현대의 관점에서는 큰 영향이 없었기 때문에 여기서는 다루지 않겠다. 산업혁명 이후 근대로 오면서 논란의 중심에 있었으면서 현대 건축에 큰 영향을 끼친 건축물을 살펴보고자 한다.

처음으로 살펴볼 건축물은 조셉 팩스턴이 런던 만국 박람회에서 선보인 수정궁이다. 산업혁명의 중심지였던 영국은 산업 면에서나 경제면에서 단연 앞서 나가던 국가였다. 그래서 1851년 왕실의 지원 아래 만국 박람회를 개최하게 되는데 이는 세계 최초의 건축 박람회가 된다. 박람회의 전시장으로 수정궁을 건설하게 되는데 산업혁명 이후 유리와 철의 대량 생산이 가능해지고 영국이 기술력을 과시하려는 의도로 엄청난 규모의 철골 구조물이 탄생하였다. 축구장 18개의 크기에 330개의 철골 기둥과 30만 장의 유리를 사용했다고 하니 그 당시에는 정말 혁신적인 건물이었다. 원래 하이드 파크에 지었던 수정궁은 박람회 이후 런던 남부의 시든엄 지역으로 옮겨져 전시장,

콘서트홀 등으로 사용되다가 화재와 전쟁으로 인해 역사 속으로 사라지고 말았다. 지금은 초고층 건물에서 철골 구조와 유리의 조합을 이용하는 경우를 굉장히 흔히 볼 수 있지만, 19세기에 새로운 시도를 통하여 철골 구조물과 유리 커튼월 건물의 발달에 큰 영향을 주었다는 점에서 수정궁은 좋은 건축이라 할 수 있겠다.

두 번째로 살펴볼 건축물은 피터 베렌스가 설계한 AEG 터빈 공장이다. 산업혁명이 일어난 후 시대는 사무실, 공동주택, 백화점 등 다양한 시설을 요구하게 되는데 산업시대를 대표하는 건물은 단연 공장이다. 공장만큼 다른 요소보다 기능이 독보적으로 중요한 건축물은 아마 없을 것이다. 그런 만큼 공장에서 다른 스타일을 기대하기란 쉽지 않다. 주변에 공장이나 창고 건물이 대부분 판넬로 둘러싸인 모습을 보면 잘 알 수 있다. 하지만 이런 공장 건물에 철학을 담고 예술을 표현한 작가가 바로 피터 베렌스이다. 물론 건축주인 AEG사의 공장 건물에 대한 생각과 의지가 없었다면 이런 건물이 탄생하지도 않았겠지만, 그의 예술적 감각이 더해져 위대한 건물이 세상에 나올 수 있게 되었다.

피터 베렌스는 미술을 전공하여 화가로서 이름을 알리다가 자신의 집을 설계하면서부터 건축에 입문하게 된다. AEG 로고를 만들면서 AEG와 인연을 쌓게 된 그는 공장 건물의 설계 또한 의뢰받는다. 피터 베렌스는 이 건축물에서 장식이 성행하던 시절에 장식을 배제하였고, 기술적인 측면을 강조하면서도 그리스 신전을 연상시키는 기둥 배열과 시각적 효과를 위하여 기울이게 설치한 전면 유리창을 통하여 예술적인 측면도 부각시켰다. 이러한 건축가의 노력에 힘입어 이 건물은 훗날 모더니즘을 대표하는 건축물이 되었다.

• 현대 건축의 아이콘

AEG 터빈 공장

근대 건축의 시초라 여겨지는 이 건물과 피터 베렌스는 근현대 건축에 엄청난 영향을 미치게 된다. 이후 건축물은 장식보다 합리성을 추구하는 경향이 크게 짙어졌으며, 피터 베렌스의 설계사무소에서 현대 건축의 4대 거장 중 2명의 스타가 배출될 정도로 건축사에 큰 영향을 미쳤다. 르 꼬르뷔지에와 미스 반 데어 로에가 그 주인공인데 건축을 공부한 사람이라면 모를 수가 없는 이 두 명의 건축가가 현대 건축에 미친 영향은 이루 말할 수 없을 정도로 크기 때문에 피터 베렌스가 얼마나 큰 역할을 했는지 알 수 있다.

story 4.
새로운 스타일의 건축물

기둥과 보 시스템으로 구조가 이루어지는 도미노 이론과 현대 건축의 5원칙을 설파한 르 꼬르뷔지에는 현대 건축의 양식을 정립하고 《새로운 건축을 향하여》라는 저서를 쓸 정도로 건축에 새 바람을 불어넣으려고 노력하였다. 그의 건축물 중 AEG 터빈 공장만큼이나 모더니즘을 대표하는 건물이 빌라 사보아다. 르 꼬르뷔지에는 이 건물을 통하여 본인이 생각했던 현대건축의 5원칙을 100% 구현해냈다. 앞서 언급한 낙수장, 판스워스 주택처럼 빌라 사보아 또한 살기에는 그리 좋은 공간은 아니었던 듯 보인다. 건축주가 르 꼬르뷔지에를 고소할 정도로 설계를 마음에 들어 하지 않았다. 내부에 있는 거대한 램프, 옥상정원으로 인한 하자, 4배나 초과한 공사비 등을 생각하면 건축주의 입장도 이해되지만, 이 건물이 현대 건축물의 프로토타입을 제시하고 있고 건축가의 새로운 시도로서 많은 건축물에 영향을 주었다는 점에서 좋은 건물이라 칭할 수 있다.

빌라 사보아에 대하여 좀 더 자세히 들어가 보면 그 당시 주택은 돌이나 벽돌을 쌓아 짓는 것이 정석이었다. 그러다 보니 벽이 구조의 역할을 하게 되고 이는 평면과 입면을 제한하는 결정적인 요소일 수밖에 없었다. 하지만 르 꼬르뷔지에는 철근 콘크리트를 활용하여 기둥 보 구조인 도미노프레임을 도입하여 구조를 해결하고 공간을 자유자재로 조정한다. 얇은 기둥 배치로 구조를 해결할 수 있으니 평면을 자유롭게 구성할 수 있고, 기둥을 외벽에서 조금 물러선 위치에 배치하면서 입면 또한 자유롭게 디자인할 수 있었다. 그러한 입면에 띠창을 도입하여 내부 공간에 골고루 자연 빛을 도입하려고 하였다.

그리고 모든 지면은 인간과 식물에게 양보해야 한다는 낭만적 생각에서 비롯된 1층을 들어 올리는 필로티 구조와 당시 대부분의 주택에서 사용되던 경사지붕이 아닌 평지붕을 구성하여 그 위에 정원을 만드는 시도는 지금은 흔해 보일지라도 당시에는 큰 혁신이었다.

이렇게 르 꼬르뷔지에가 현대건축 5원칙을 도입한 것뿐만 아니라 빌라 사보아는 산책로의 느낌을 주는 경사로, 곳곳에 스며드는 자연 빛, 안락함을 주는 인테리어 등이 잘 어우러져 지금까지도 많은 사랑을 받는 관광지이면서 주택의 표본이 되고 있다. 주택 하나에 본인의 건축 철학을 담아 지을 수 있다는 것은 정말 건축가의 힘이 아닐 수 없다. 우리나라에도 목조주택의 조남호나 한옥 건축의 황두진과 같은 훌륭한 건축가가 있지만, 경제적 논리를 벗어나지 못하고 비슷비슷한 주택이 우후죽순 늘어서 있는 모습을 보면 안타까운 마음이 드는 것은 어쩔 수 없다.

• 현대 건축의 또다른 아이콘 빌라 사보아

필로티

띠창

story 4.

새로운 스타일의 건축물

옥상정원

내부 램프

다음은 미스 반 데어 로에 이야기로 넘어가 보자. 독일 출생인 미스는 앞서 언급했듯이 피터 베렌스 설계사무소에서 일을 배웠으며, 르 꼬르뷔지에, 월터 그로피우스 등과 교류하며 재능을 키워 나갔다. 그가 이름을 알리게 된 것은 유리 마천루 계획안을 잡지에 기고하면서부터다. 석재가 외벽의 주재료로 사용되며 무거운 느낌을 주던 고층 건물이 주를 이루던 시절에 철골 구조와 유리를 사용하여 투명하게 빛나는 마천루의 투시도는 당시에 엄청난 충격을 주었다. 이 시기에 유럽 전역에서 데스틸, 바우하우스, 러시아 구성주의 등 새로운 움직임이 활발하게 일어나 이들과 교류하던 미스는 점점 더 자신의 건축관을 정립해 나간다.

그 정점에서 설계를 맡게 된 바르셀로나 박람회의 독일관은 미스가 추구했던 "Less is more."의 개념이 잘 드러나면서 수평과 수직요소가 절묘하게 조화를 이루는 모습이 압권이다. 필자가 학창시절에 이 작품을 그대로 그리는 것이 과제가 나올 정도로 건축학도라면 꼭 알아야 할 명작 중의 명작으로 평가받고 있다. 미스는 그 당시 건축분야에 굉장히 권위가 높았던 바우하우스의 3번째 교장으로 취임하여 학생들을 가르치며 건축 교육에도 열정을 쏟는다.

하지만 세계 2차대전으로 인해 바우하우스가 폐쇄되어 미스는 유럽을 벗어나 미국 일리노이에 새로운 둥지를 트게 되는데, 미국에서 미스는 제2의 전성기를 누린다. 일리노이 공과대학 학장으로 교육에 대한 열정을 놓지 않으면서 판스워스 주택, 크라운홀, 시그램 빌딩 등 근대 건축의 아이콘이라 불리는 작품들을 설계하게 된다. 판스워스 주택은 극도로 절제된 미니멀리즘의 대표적인 건물이고, 일리노이 공대의 크라운홀은 미스가 주창한 유니버설 스페이스(Universal Space)를 실현한 작품으로 유명하다. 시그램 빌딩 또한 뉴욕의 다른 고층 빌딩들과는 달리 가로변에 광장을 조성하고 건물은 후퇴시키면서 도시 가로변의 건물 배치에 큰 변화를 주었다.

- 현대건축의 거장 미스 반 데어 로에의 작품

바르셀로나 파빌리온

판스워스 주택

story 4.
새로운 스타일의 건축물

크라운홀 외부   크라운홀 내부

    물론 이 건축물들에 대한 평가가 긍정적인 측면만 있는 것은 아니다. 판스워스 주택 같은 경우 정작 이 건물의 건축주는 프라이버시와 뜨거운 실내로 인해 불만을 호소했으며, 시그램 빌딩 역시 뉴욕 거리의 정체성을 훼손하고 정작 시그램 빌딩 앞 광장은 사람들이 잘 이용하지 않는다는 점에서 비판을 받기도 한다. 하지만 르 꼬르뷔지에와 마찬가지로 미스 반 데어 로에도 건물을 설계할 때 새로운 시도를 통하여 자신의 건축관을 실현하려는 모습에서 왜 그들이 현대건축의 거장으로 추앙받는지 잘 알 수 있다.

    디자인과 공간 활용에 대한 과감한 접근 방식으로 근대 건축의 발전에 있어 독보적인 위치를 차지하고 있는 주택이 있어 소개하고자 한다. 네덜란드의 근대 운동인 데 스틸 양식으로 설계된 슈뢰더 하우스가 그 주인공이다. 1924년에 지어진 이 주택은 최근에 지어졌다고 해도 전혀 이상하지 않을 만큼 시대를 앞서 간 깔끔하고 세련된 느낌을 준다. 벽면과 지붕, 테라스와 난간, 기둥 등 요소들의 조화로운 모습은 마치 몬드리안의 그림을 보는 듯하고, 벽면의 질감과 색채 사용은 기가 막히게 잘 어우러진다. 2층으로 이루어진 내부 공간은 벽체에 가변성을 주어 공간의 크기를 조절할 수 있다는 점도 가히 혁신적이라 할 수 있다. 이렇게 단순하면서도 혁신적인 모습에 세계문화유산에도 지정될 정도로 보존 가치가 높은 이 건축물은 근대 건축의 발전에도 큰 영향을 미쳤다.

• 혁신적인 주택 슈뢰더 하우스

슈뢰더 하우스

수정궁, 에펠탑, 바르셀로나 독일 전시관의 공통점은 모두 만국 박람회(Expo)를 통해서 탄생하게 된 건축물이라는 것이다. 초기의 만국박람회는 세계 각국이 자신들의 국가관을 짓고 문화와 경제를 뽐내는 장이었는데 수정궁, 에펠탑은 그러한 성격이 잘 반영된 건축물이다. 하지만 요즘에 와서는 지구가 당면한 공동의 문제를 논의하고 이를 해결하는 방안을 마련하는 자리가 되고 있다.

story 4.

새로운 스타일의 건축물

우리나라에서 열린 여수 엑스포의 경우 해양을 주제로 하였으며, 최근에 열린 밀라노 엑스포에서는 식량과 에너지 문제를 다루고 있다. 이러한 주제를 가지고 세계 각국은 자신들만의 전시관을 만들게 되는데 각 나라를 대표하는 건축가가 주로 설계를 맡아 최신 기술을 접목한 디자인을 선보이고 있다. 이러한 과정을 통해서 건축물에 새로운 시도를 하게 되고 건축이 발전하는데 큰 기여를 하게 된 것이다. 혁신적인 건물로 빼놓을 수 없는 것 중 하나인 캐나다 몬트리올에 위치한 해비타트 67도 엑스포를 통하여 만들어진 건물인데 67은 1967년도에 열린 몬트리올 엑스포를 뜻한다.

천편일률적인 공동주택이 세상을 뒤덮어 가던 시절에 이스라엘 건축가 모세 샤프디는 새 하우징 시스템에 관한 논문을 쓰게 된다. 그러한 그의 아이디어를 실현할 기회가 몬트리올 엑스포에서 온 것이다. 지중해와 중동지역에 널리 형성되어 온 언덕마을에서 모티브를 따왔다는 해비타트 67은 그렇게 탄생하게 되었다. 건물은 한눈에 봐도 독특하고 미래에서 볼 법한 건축물이라는 생각이 든다. 많은 사람들이 답답하고 획일화된 건물이 즐비한 도시의 풍경을 비판적으로 보았다.

필자도 가끔 우리나라의 아파트를 보고 있노라면 화가 치밀 때가 있다. 물론 경제성과 효율성을 고려한다면 우리나라의 아파트가 우수한 건축물일 수도 있지만, 너무도 유사한 모습의 아파트가 한강변을 점령하고, 전국 곳곳에 병풍처럼 세워져 있는 것은 분명 안타까운 일이다. 모세 샤프디도 비슷한 생각이었고, 마침내 해비타트

67에서 150여 가구가 살 수 있는 아파트를 독특한 방식으로 구현해 냈다. 수많은 입방체가 공장에서 만들어져 현장에서 쌓는 프리패브 방식으로 건설 되었는데, 불규칙적으로 쌓인 입방체들이 테라스, 골목길, 정원 등 다양한 공간을 만들어 내는 모습을 보면 이 건물이 왜 훌륭한지를 잘 볼 수 있다. 같은 아파트에 살면서도 다양한 삶을 담을 수 있도록 설계한 해비타트 67은 1967년에 지어졌지만 지금도 우리에게 큰 교훈을 주는 작품이다.

· 혁신적인 공동주택 해비타트 67

전경

다채로운 세대 모습

공용공간

story 4.

새로운 스타일의 건축물

건축물을 인간에 비유하자면 건축은 뼈와 피부에 해당하고, 기계, 전기, 소방 등의 설비는 우리 몸을 구성하는 기관에 해당한다. 기계, 전기, 소방 같은 설비 시설이 우리 몸을 구성하는 기관처럼 건축물에 있어서 굉장히 중요하지만, 우리 눈에 띄지 않기 때문에 이를 크게 신경 쓰는 사람은 별로 없다. 등기구, 스위치, 스프링클러와 같이 그나마 우리 눈에 띄는 것은 그래도 조금 관심이 가게 되지만 주로 벽 사이나 바닥, 천장 속에 숨어 있는 배관, 배선 같은 설비 시설에 관심을 두기는 쉽지 않다.

사실 보통의 설비라면 이렇게 우리의 눈에 잘 보이지 않도록 설계하는 것이 일반적이다. 기능을 담당하는 각종 배관들이 미적으로 그다지 유용하지 않기 때문에 굳이 노출하려고 하지 않는 것이다. 물론 요즘 카페나 벤처기업의 사무실을 보면 천장 마감재를 따로 두지 않는 노출형으로 하는 경우를 종종 볼 수 있긴 하다.

하지만 이렇게 대놓고 설비 시설을 외부로 노출한 건축물은 이 건물이 탄생하기 전까지는 없었다. 그 주인공은 바로 파리에 있는 퐁피두 센터이다. 퐁피두 센터는 루브르 박물관, 오르세 미술관과 겨룰 정도로 파리의 명물로 꼽히고 있다. 1977년에 당시 대통령이던 퐁피두의 파리 중심부 재개발 계획의 하나로 세워진 퐁피두 센터는 설계공모를 통하여 680여 점의 출품작을 받았다. 그중에 당선된 작품이 당시에는 그리 알려지지 않았던 리처드 로저스와 렌조 피아노가 합작한 계획안이었다. 파리와 같이 전통적인 건물의 모습이 잘 보존 되어 있는 도시에서 이렇게 파격적인 작품을 선정할 수 있었던 것은 놀라운 일이다. 리처드 로저스와 렌조 피아노는 전시장으로 사용될 내부 공간을 자유롭게 조절할 수 있도록 이를 방해할 수 있는 에스컬레이터, 수도 배관, 환기 배관, 전기 배관 등은 모두 밖으로 배치하여 이를 그대로 노출한 형태의 건물을 설계하였다. 건물이 완공될 당시 외계에서 온 우주선 같다는 비판을 받기도 했지만, 지금은 파리에 가면 꼭 가봐야 할 장소로 손꼽히고 있다.

원래 예상했던 관객 수를 훨씬 웃돌 정도로 많은 관광객들이 방문해서 한때 보수를 해야 했던 퐁피두 센터는 방문객의 70%가 문화 시설은 이용하지 않고 건물을 보기 위해 온다고 하니 건물 자체가 지니고 있는 힘이 얼마나 큰지를 잘 알 수 있다.

• 파리의 혁신적인 미술관 퐁피두 센터

퐁피두 센터 외부 에스컬레이터

story 4.
새로운 스타일의 건축물

각종 설비 배관이 외부로 노출된 모습

　현대 기술의 발전은 점점 더 다양한 스타일의 건축물을 만들어 내고 있다. 컴퓨터 기술을 활용한 비정형화된 형태를 추구하는 해체주의나 미래를 배경으로 하는 영화에나 나올 법한 초현실주의, 제로에너지 하우스나 3D 프린터로 짓는 건물까지 기술과 아이디어가 접목되어 정말 다양한 건축물이 탄생하고 있다.

　건축은 시대정신을 반영해야 한다는 말이 있듯이 건축가는 새로운 시도를 통하여 시대가 요구하는 건축물을 만들어내야 하는 의무를 지고 있다. 건축이 오늘날까지 발전할 수 있었던 이유도 바로 많은 건축가들의 새로운 시도와 노력이 있었기 때문이다. 이를 일반인들도 공감하며 다소 생뚱맞아 보이는 건축물에 차가운 시선만을 보낼 것이 아니라 저 건축물은 건축가의 어떠한 의도로 그렇게 지어졌는지를 생각할 수 있었으면 한다.

story 5

재료의 아름다움이 느껴지는 건축물

05

사람들이 옷을 차려입듯이 건축물도 마감재라는 옷을 걸치게 된다. 물론 노출 콘크리트라 하여 콘크리트 자체가 마감되어 옷을 입지 않는 경우도 있지만, 건축물은 페인트부터 시작해서 목재, 벽돌, 대리석, 알루미늄 등 다양한 재료의 옷을 입게 된다.

외장재료의 선택은 건축물의 이미지에 큰 영향을 줄뿐더러 공사비와도 직결되기 때문에 신중히 선택하지 않을 수 없다. 이렇게 선택된 재료를 보게 되면 건물의 용도에 따라 많이 쓰이는 재료가 있기도 하다. 공장이나 창고 건물은 샌드위치 판넬이 많이 사용되고, 오피스 건물은 유리 커튼월과 알루미늄 판넬이, 호텔 건물의 경우에는 대리석과 같은 돌이 많이 사용된다.

건축의 용도에 따라 그 비중이 조금씩 다르기는 하지만 대부분의 경우 경제적 측면이 큰 비중을 차지하여 값싼 재료로 지어지는 경우가 많다. 공장이나 창고를 짓는 데 기능에만 충실하고 외관 모습에 신경을 쓰는 경우는 흔치 않고, 빌라나 상가 건축물을 지을 때도 흔히 쓰는 저렴한 재료를 사용하려고 하지, 굳이 고가의 재료를 쓰려고 하지 않다 보니 비슷한 모습의 공장들과 건물들이 우후죽순 생겨나는 것이다. 물론 고가의 재료라고 다 좋은 것도 아니고, 저렴한 재료를 사용해서 좋은 느낌을 만들 수도 있다.

이번 장에서 이야기하고자 하는 것은 최적의 재료를 사용한 건물들을 살펴보면서 건물을 지을 때 재료의 선택이 얼마나 중요한지를 알아보고 재료가 주는 느낌을 함께 공유하는 것이다. 우리가 길을 걸어가면서 수많은 빌딩들을 스쳐 지나가지만 각 건물의 외장 재료가 무엇인지를 눈여겨보는 사람은 거의 없다. 건축에 종사하면서 그나마 조금 관심 있는 사람이나 재료가 무엇인지 살펴보지 일반인들은 그저 길을 가기 바쁘고, 요즘은 스마트폰에 시선을 빼앗겨 건물을 눈여겨보는 사람은 거의 없다고 볼 수 있다. 물론 사람들이 자신이 관심 있는 분야에 눈이 갈 수밖에 없기 때문에 누구를 나무랄 수는 없다. 옷에 관심이 많은 사람은 지나가는 사람들의 옷차림에, 식물에 관심이 많은 사람은 나무나 꽃에 시선을 빼앗기는 것이다. 건물도 마찬가지로 관심 있는 사람만 쳐다보게 되지만 필자는 개인적으로 더 많은 사람들이 건물을 바라보면서 어떤 느낌을 받는지를 공유할 수 있었으면 좋겠다.

story 5.

재료의 아름다움이 느껴지는 건축물

우리가 건축물을 접할 때 가장 큰 영향을 받는 것이 외피 재료이다. 물론 형태가 독특할 경우 형태의 영향을 많이 받기도 하지만 그렇지 않을 경우 우리는 건물 표면의 재료가 무엇인지에 따라 건축물이 어떤 느낌을 주는지를 판단하게 된다. 건축물의 외벽 마감재료에는 붉은 벽돌, 목재 등과 같이 따뜻한 느낌을 주는 재료가 있는가 하면, 노출 콘크리트나 스틸 판넬 등과 같이 차가운 느낌을 주는 재료도 있다. 사람마다 취향이 다르므로 좋은 느낌을 주는 재료는 다를 수 있다. 어떤 사람은 주택은 따뜻한 느낌이 나야 한다며 목재나 벽돌을 선호할 수도 있지만, 어떤 사람은 세련되고 심플한 이미지의 노출 콘크리트나 징크 판넬 같은 재료를 선호할 수도 있다.

재료는 정말 경제적인 측면에서 자유로울 수가 없으므로 샌드위치 판넬처럼 저렴한 재료보다는 대리석과 같은 고가의 재료가 훨씬 더 좋은 느낌을 주는 것이 사실이다. 하지만 필자가 여기서 하고 싶은 이야기는 단순히 비싼 재료를 사용해서 좋은 느낌을 주는 건축물이 아니라 재료의 특성을 잘 살려서 특별한 가치를 만들어 낸 건축물이다. 세계적인 건축가 루이스 칸은 벽돌은 아치가 되고 싶어한다고 재료를 의인화하며 재료에 감성을 불어넣을 정도로 재료의 선택에 신중을 기했다.

• 다양한 건축 재료

벽돌

목재

노출 콘크리트

유리와 판넬

　가장 먼저 살펴볼 재료는 벽돌이다. 벽돌은 아주 오래전부터 사용되어 지금까지도 건축 재료로서 많이 사용되고 있다. 예전의 건물은 벽돌을 쌓아 올린 벽돌 구조 건물이 많이 있었지만, 구조적인 한계 때문에 더 이상은 구조 재료로는 거의 사용되지 않고 마감 자재로 흔히 사용된다. 벽돌의 가장 큰 특징이라고 하면 색채가 주는 따뜻한 느낌과 한 장 한 장 쌓아 올려진 모습의 미적인 요소이다. 벽돌은 점토에 열을 가해 압축하여 만든 재료로서 대개 점토의 색을 따라가게 되는데 이는 대부분 붉은 계통의 따뜻한 색이다. 게다가 이러한 다양한 색상의 벽돌이 지그재그 형태로 쌓여 올라가는 형태는 아름다움을 자아낸다. 그래서 벽돌은 아직도 건물의 내, 외장재로 정말 많은 사랑을 받고 있다.

story 5.
재료의 아름다움이 느껴지는 건축물

우리나라에서도 주택의 외장재료로 벽돌을 많이 사용하고 있으며 카페나 사무실 인테리어에도 널리 사용되는 것을 볼 수 있다. 유독 건물의 외장재료로 벽돌을 즐겨 사용한 세계적인 건축가가 있다. 우리나라에서도 강남 교보타워와 삼성 미술관 리움의 Museum1을 설계하여 많이 알려진 스위스 건축가 마리오 보타는 그의 대표작 스위스 스타비오 주택, 샌프란시스코 현대 미술관, 프랑스 에브리 대성당의 외장재료로 모두 벽돌을 사용하고 있다. 건축의 장소성을 중시했던 마리오 보타는 그 지역에서 많이 나는 석재를 주로 이용했다고 하는데 그것이 주로 벽돌이었다. 특히나 고층 건물에 많이 사용하지 않는 벽돌을 즐겨 사용하여 그만의 중후하고 독특한 건축 색깔을 구축해냈다.

• 외장 재료로 벽돌을 사용한 마리오 보타의 건축물

교보타워

현대미술관

에브리 대성당

또 한 명의 벽돌을 사랑한 건축가는 우리나라 현대 건축의 아버지라 불리는 김수근이다. 건축을 빛과 벽돌이 짓는 시라고 표현할 정도로 벽돌에 대한 애착을 보였던 그는 한 장 한 장 손으로 쌓아 올려야 하는 벽돌의 인간적인 따뜻함에 매료되었다고 한다. 그의 대표적인 건축물인 경동교회, 대학로의 명소 공간 사옥과 샘터 사옥, 아르코 미술관 등에서 그가 표현하고자 했던 한 장 한 장 쌓은 벽돌의 느낌을 잘 담아내고 있다.

• 벽돌을 사랑한 김수근의 건축물

경동교회

샘터 사옥

아르코 미술관 외부

아르코 미술관 내부

story 5.
재료의 아름다움이 느껴지는 건축물

두 번째로 살펴볼 재료는 우리에게 너무나도 익숙한 콘크리트이다. 로마 시대부터 사용된 콘크리트이지만 그 자체로는 압축력만 있고 인장력이 없는 구조적인 문제로 잘 사용되지 않았다. 그러다가 산업혁명 이후 철이 대량 생산되면서 인장력을 담당하는 철근과 함께 사용되면서 현재 가장 많이 사용되는 건축 재료가 되었다.

흔히 콘크리트의 특징을 차갑고 거친 이미지로 생각하기 쉽지만, 콘크리트의 가장 큰 특징은 형태를 자유롭게 만들 수 있다는 것이다. 콘크리트는 굳지 않은 상태에서 미리 제작해 놓은 거푸집에 부어 모양을 만들어 내기 때문에 거푸집의 형상에 따라 자유롭게 형태를 창조해 낼 수 있다. 이러한 특징을 잘 활용한 건축가가 루이스 칸과 자하 하디드이다. 루이스 칸이 설계한 많은 건축물이 노출 콘크리트로 마감되어 있는데, 기하학적 형태를 강조한 그에게 콘크리트는 최적의 재료였다. 필립스 엑시터 아카데미 도서관이나 방글라데시 국회의사당의 모습을 보면 원, 삼각형과 같은 기하학적 형태의 외관을 볼 수 있는데 콘크리트의 재료적 특성을 잘 살려서 아름다운 모습을 구현해 냈다.

그리고 우리나라의 동대문디자인플라자의 설계자로 잘 알려져 있는 자하 하디드도 초기에는 독창적인 형태를 구현하기 위하여 콘크리트를 즐겨 사용했다. 코브라 형태를 취하고 있는 베르기셀 스키점프 타워의 비정형의 콘크리트 기둥이나 비트라 소방서의 날아갈 듯한 날개의 형태를 보면 콘크리트가 주는 재료의 힘을 잘 볼 수 있다. 기술이 발달함에 다른 재료를 활용하여 화려한 형태를 구현하기도 하지만 콘크리트에서 느껴지는 자연스러움을 따라가기는 힘들어 보인다.

• 루이스칸과 자하 하디드의 콘크리트 건축물

필립스 엑시터 아카데미 도서관

방글라데시 국회의사당

베르기셀 스키점프 타워

비트라 소방서

이러한 콘크리트의 특징을 가지고 있는 건축물은 우리 주변에서도 흔히 볼 수 있는데, 송도에 있는 트라이볼이나 강남의 어반하이브, 홍대에 있는 KT&G 상상마당 건물 등이 자유로운 형태를 콘크리트 재료를 활용하여 구현해 낸 대표적인 사례이다.

story 5.
재료의 아름다움이 느껴지는 건축물

• 콘크리트의 자유로운 형태를 간직한 건축물

상상마당

트라이볼

어반하이브

    콘크리트의 또 다른 특징은 순수함이다. 재료 자체는 시멘트, 골재, 물, 첨가제 등이 혼합하여 만들어지기 때문에 순수하다고 할 수는 없지만, 거푸집을 해체하고 나타나는 모습 자체가 콘크리트 본연의 모습을 가지고 있으므로 순수하다고 표현한다.

    루이스 칸은 콘크리트의 순수성을 잘 활용하기도 했다. 힘의 흐름을 보여주는 구축 방식과 표현적인 면에서 벽돌 구조에 매료되어 있던 그는 콘크리트 또한 축조과정을 그대로 보여주기를 원하여 거푸집으로 형성되는 줄눈이나 점을 숨김없이 보여주고, 콘크리트 위에 색을 칠하거나 다른 마감자재를 덧붙이는 것을 좋아하지 않았다. 심지어 건설과정에서 발생한 사소한 하자 같은 것들도 보수하지 않고 그대로 보여 줄 정도로 콘크리트 자체의 느낌을 중시하였다.

앞서 언급했던 건물뿐 아니라 리처드 의학연구소, 솔크 생물학 연구소, 킴벨 미술관 등 그의 대부분 건축물에서 노출 콘크리트를 볼 수 있는데 그가 콘크리트를 통하여 표현하고자 했던 순수한 모습이 잘 담겨 있다.

• 콘크리트의 순수성을 살린 건축물

솔크 생물학 연구소

킴벨 미술관

세 번째로 살펴볼 재료는 유리다. 현대에 와서 외장 재료로 가장 많이 사용하는 것 중에 하나가 유리 커튼월이다. 유리는 산업혁명 이후에 대량 생산이 가능해져 철과 함께 많이 사용하게 된 대표적인 건축 재료이다. 영국 건축 박람회에서 수정궁을 시작으로 건축물에서 유리의 사용이 확산되어 지금 대부분의 초고층 건물의 외장재료가 유리 커튼월로 되어 있을 정도가 되었다.

그렇다면 유리의 특징은 무엇일까? 투명성과 반사성, 그리고 가벼운 느낌이다. 투명성은 유리의 가장 근본적인 속성이다. 건물 내부와 외부를 연결해주는 것이 창인데, 이러한 창은 대부분 유리로 되어 있다. 이런 근본적인 투명성에 대한 이야기가 아니라 건물 자체가 투명해서 마치 건물이 사라져 보이는 듯한 모습에 대하여 이야기하고자 한다. 3장에서 언급한 적이 있었던 필립 존슨의 글라스 하우스는 이름 그대로 유리로 된 집으로서 드넓은 정원과 마치 하나가 된 듯한 착각을 불러일으킨다. 아이 엠 페이가 설계한 루브르 박물관의 유리 피라미드 또한 그렇다. 전통을 자랑하는 루브르 박물관에 현대적인 재료인 유리를 사용하였음에도 주변 건물과 조화를 이루는 이유는 유리의 투명한 성질 때문이다.

노만 포스터는 독일 국회의사당의 돔을 리모델링할 때 시민들에게 정치의 개방성과 투명성을 강조하기 위하여 유리를 사용했다. 이러한 투명성은 밤에도 빛을 발하게 되는데 조명 빛으로 채워진 돔의 모습은 마치 독일 민주주의의 횃불처럼 보이기도 한다. 일본의 대표적인 건축가

이토 토요가 설계한 센다이 미디어테크 건물 또한 유리라는 재료의 특성을 잘 활용하여 내부에서 일어나는 일들이 외부에 보이면서 정보의 개방 및 공유의 역할을 담당하는 미디어테크의 특징을 잘 살린 좋은 건축물이다. 이러한 투명성은 건물 내부의 조명을 외부로 발산한다는 특징을 가지고 있어 야경이 아름다운 도시에서 유리 커튼월로 이루어진 고층 빌딩들이 빛을 발하고 있다.

• 유리의 특징을 잘 살린 건축물

자연 속에 묻힌 투명한 글라스 하우스

전통 건축 양식과도 조화로운 유리 피라미드

독일 국회의사당 유리 돔

내부의 모습이 훤히 보이는 센다이 미디어테크

유리의 또 다른 특징은 가벼움이다. 미스 반 데어 로에의 유리 마천루 계획안을 시작으로 많은 고층 빌딩들이 유리 커튼월로 지어졌고, 현재도 많은 건물이 지어지고 있다. 각국이 경쟁을 벌이고 있는 초고층 건축물은 대부분 유리 커튼월로 지어졌다.

건물이 고층화될 경우 가장 큰 문제가 되는 것이 구조적인 측면으로서 건물의 하중이다. 건물 자체가 무거우면 무거울수록 아래의 구조가 커지게 되어 공간의 효율성이 떨어지게 되므로 가벼운 유리 커튼월은 고층 건물의 외장재료로서 최고의 대안이다. 유리 자체가 가볍기도 하지만 유리가 주는 느낌 또한 가벼우므로 우리는 초고층 건물을 곁에서 보더라도 높이가 주는 압도적인 느낌은 있지만, 재료가 주는 중압감은 없다는 점에서 좀 더 친근하게 다가오기도 한다.

• 유리 커튼월의 초고층 건축물

뉴욕 월드트레이드 센터

부르즈 할리파

좋은 느낌을 주는 재료는 대개 비싼 경우가 많다. 저가의 재료를 활용하여 고가 재료의 느낌을 내려고 하는 시도가 계속되고 있지만, 재료는 본연의 느낌이 있으므로 이는 쉽지 않다.

다음으로 이야기할 두 재료는 대표적인 고가 재료인 티타늄과 대리석이다. 이 두 재료는 고가인 만큼 적재적소에 사용할 경우 엄청난 아름다움을 발산한다. 먼저 대리석을 살펴보면 대리석의 특징인 매끈하고 부드러운 느낌의 미적인 요소와 돌치고는 가공성이 우수하다는 것이다. 고대 건축에서부터 현대에 이르기까지 널리 사용된 대리석은 부와 성공을 상징할 정도로 고급스러운 느낌을 주기도 하고, 햇빛의 각도에 따라 변하는 색감으로 신비로운 느낌을 주기도 한다. 이러한 느낌 때문에 신전 건축물, 사원, 기독교 건축물, 기념비 등의 건축물에 많이 사용되었다. 방콕에 있는 왓 벤차마보핏 사원, 인도 타지마할, 피렌체의 두오모 성당, 링컨 기념관과 워싱턴 기념탑 등이 대표적인 건축물이다.

건물이 고층화되면서 대리석의 사용이 줄어들긴 했지만, 여전히 고급 호텔이나 주택에는 널리 사용되고 있다. 고급 대리석의 원산지하면 보통 이탈리아 투스카니 지방을 떠올리기 마련이다. 이 지역에는 건축물뿐만 아니라 조각상 등 역사적인 문화유산이 엄청나게 많다. 미켈란젤로의 다비드상이 대표적인 투스카니 지방의 카라라에서 나는 대리석을 사용하여 조각한 작품이다. 대리석의 수도라 불리는 카라라에는 거대한 대리석 한 덩어리를 깎아서 만든 성당이 있을

story 5.
재료의 아름다움이 느껴지는 건축물

정도로 대리석에 있어서는 타의 추종을 불허하는 곳이다.

카라라가 대리석을 생산하는 곳이라면, 이를 건물이나 시설물에 널리 활용하여 도시를 형성한 곳은 피사, 피렌체, 시에나 같은 도시들이다. 이곳의 호텔, 카페, 성당 등 건물뿐만 아니라 분수대, 묘비 등 다양한 곳에 대리석이 활용돼 그야말로 황홀한 도시를 형성하고 있다.

• 대리석의 아름다움이 돋보이는 건축물

왓 벤차마보핏 사원

모스크

게티 미술관

워싱턴 기념관

이러한 도시의 대표적인 건물이 피사의 사탑과 두오모 성당이다. 우리에게 기울어진 탑으로 너무도 유명한 피사의 사탑은 다음 장에서 자세히 다루기로 하고, 전 세계적으로 큰 사랑을 받는 피렌체의 두오모 성당을 조금 살펴보자.

피사와 시에나와 경쟁하던 피렌체 도시는 도시가 번영함에 따라 기존의 성당보다 규모가 큰 성당이 필요하게 되었다. 그렇게 시작된

story 5.
재료의 아름다움이 느껴지는 건축물

프로젝트는 설계자의 사망, 흑사병 등으로 공사가 중단되는 우여곡절 끝에 140여 년에 걸쳐 완성되었다. 이 건물의 핵심은 사실 브루넬레스키가 설계한 대형 돔이다. 고대 판테온에서 모티브를 얻은 거대한 돔은 무려 4백만 개 이상의 벽돌이 사용되어 37,000톤의 무게를 자랑하며 대성당의 아름다움에 정점을 찍는다. 건물의 외벽은 수직과 수평으로 교차하는 여러 색의 대리석 배열로 되어 있는데 카라라, 프라토, 시에나, 라벤차 등 다른 도시에서 가져온 다른 색의 대리석을 활용하며 형형색색의 아름다움을 추구하고 있다. 내부 벽과 바닥 또한 대리석을 사용하며 대리석 건물의 절정을 보여 주고 있다.

• 피렌체와 두오모 성당

대리석의 도시 피렌체의 아름다움

대리석이 만들어 낸 아름다운 내부

    대리석이 이탈리아가 워낙 유명하긴 하지만 인도에도 자국에서 생산되는 대리석을 활용한 아름다운 건축물이 많이 있다. 대표적인 건축물이 우리에게도 너무나 익숙한 인도의 타지마할이다. 새하얀 왕비의 묘 건물에 사용된 외장 재료는 인도의 마크라나 대리석으로 대리석 중에서도 최상의 빛깔과 견고함을 자랑하는 재료이다. 이러한 대리석은 햇빛의 각도에 따라 다른 색을 뿜어내어 신비로움을 자아내며, 표면에 홈을 내어 형형색색의 돌로 만들어진 화려한 장식이 대리석과 어우러져 장관을 연출해낸다. 완벽한 대칭의 모습과 화려한 장식으로도 이미 훌륭한 건축물이지만 인도의 타지마할 하면 새하얗고 깨끗한 아름다운 모습이 떠오르는 것은 바로 대리석의 아름다움이 제대로 발현되었기 때문이다. 하지만 이렇게 새하얗던 건물도 매연과

story 5.
재료의 아름다움이 느껴지는 건축물

곤충들의 배설물로 오염되고 있다고 하니 안타까울 따름이다.

• 대리석의 아름다움이 빛나는 타지마할

새하얀 대리석이 빛나는 타지마할

오염된 타지마할

대리석 벽

대리석 장식

대리석에 새긴 꽃문양

좋은 대리석은 대부분 수입산으로 워낙 고가이다 보니 우리나라에서는 고급 저택이나 호텔을 제외하고는 제대로 된 대리석 건물을 보기가 쉽지 않다. 그렇다고 우리나라에서 생산되는 대리석이 전혀 없는 것은 아니다. 강원도 정선에서 대리석을 채석하고 있으며 이를 적용한 부천의 만화 영상 산업진흥원 전시관에서 미적인 아름다움과 기술적인 우수성을 볼 수 있기도 하다.

대리석만큼이나 고가이면서 대리석과는 다른 색다른 아름다운 느낌을 주는 재료는 티타늄이다. 티타늄의 특징은 가볍지만, 강도가 강하고 화려하고 세련된 느낌을 자아낸다는 것이다. 현존하는 최고의 금속이라는 칭송을 받는 티타늄은 이러한 특징 때문에 시계나 주얼리, 휴대폰, 자전거, 우주선 등 다양한 산업에 활용되고 있다.

티타늄을 즐겨 사용한 대표적인 건축가는 프랭크 오 게리이다. 프랭크 오 게리는 철물점을 하던 할아버지 덕분에 어려서부터 각종 금속재료에 익숙해질 수 있었고, 티타늄의 매력을 한눈에 알아챌 수 있었다. 빌바오를 세계적인 관광지로 만들어 준 구겐하임 미술관과 월트 디즈니 콘서트홀의 금속의 꽃을 떠오르게 하는 독특한 형태는 쉽게 부서지지 않고 부드럽게 늘어나는 티타늄이 아니었다면 불가능했을 것이다. 네덜란드 건축가 반 베르켈이 설계한 메르세데스 벤츠 뮤지엄 또한 티타늄으로 외관을 설계하여 미래 지향적인 디자인을 선보이고 있다. 이 밖에도 베이징의 오페라하우스, 오사카의 국제예술박물관 등에 티타늄이 외장재료로 사용되었으며 티타늄 건축물은 점점 늘어나는 추세이다.

story 5.

재료의 아름다움이 느껴지는 건축물

• **티타늄의 아름다움을 잘 살린 건축물**

월트 디즈니 콘서트홀

메르세데스 벤츠 뮤지엄

베이징 오페라하우스

오사카 국제예술박물관

이상 건축물의 외장재료를 적절히 사용하여 좋은 느낌을 자아내는 건축물을 살펴보았다. 건축물에 있어서 외장재료는 첫인상을 결정하는 중요한 요소이며 우리에게 분명 어떤 방식으로든 영향을 주지만 우리는 내 집이 아니고서는 너무 무관심한 것이 아닌가 하는 생각이 든다. 우리가 무심히 지나치는 수많은 공간들이 각기 다른 재료로 구성되어 있지만, 사람들이 관심 두지 않는다면 그저 비슷한 재료로만 공간이 꾸며질 것이기 때문이다. 거의 모든 아파트의 외장재료는 수성페인트이고, 지하철 내부 공간의 재료 중 벽체는 대부분 타일, 바닥은 거의 다 화강석으로 되어 있지만 이를 알고 있는 사람은 극히

드물고, 이를 크게 중요하게 여기지도 않는다. 이러한 우리의 무관심이 모든 지하철 역사가 똑같은 모습을 하게 만들었으며, 천편일률적인 아파트의 모습을 만들었다고 해도 과언이 아니다.

사실 건축물을 설계할 때 경제성이 워낙 중요하다 보니 외장재료가 주는 느낌에 대한 고려는 뒷전으로 밀리는 실정이다. 관련 업무에 종사하면서 주변에서 흔히 사용하는 재료를 별다른 검토 없이 사용하는 것을 자주 보아 왔고, 화재에 취약한 저가의 재료를 사용하여 불이 났을 때 엄청난 인명 피해가 발생하는 것을 보며 안타까운 느낌이 많이 들었다. 그래도 의식 있는 건축가들의 지역에서 나는 재료를 쓰려는 노력과 건물의 다양성을 추구하려는 노력 또한 곳곳에서 볼 수 있어 희망의 끈을 놓지 않고 있다. 무엇보다 건축에 종사하는 사람들만의 노력으로는 세상이 바뀌기 쉽지 않은 만큼 일반인들이 모두 관심을 가지고 건축물을 바라봐 주기를 진심으로 바란다.

story 5.
재료의 아름다움이 느껴지는 건축물

Story 6

구조적인 아름다움을 주는 건축물

06

　우리는 건강한 육체를 보면 아름답다고 느낀다. 미켈란젤로의 다비드상이나 밀로 섬에 있는 비너스상을 보면 아름답지 않은가? 보디빌더처럼 지나치게 근육질일 경우에는 다소 부담스럽기도 하지만 균형 잡힌 몸매와 튼튼한 팔다리, 식스팩을 보면 인체의 아름다움이 느껴진다. 이렇게 인간의 몸이 아름답게 느껴지는 것처럼 건축에서도 건물의 골격이라고 할 수 있는 구조의 아름다움을 보여주는 건축물이 있다.

• 인체의 아름다움을 보여주는 조각상

다비드상

비너스상

　구조의 아름다움을 살펴보기 전에 구조에 대해서 잠깐 이야기를 하자면 앞서 언급한 적이 있던 비트루비우스는 건축의 3요소를 구조, 기능, 미로 보았다. 구조는 가장 먼저 위치할 정도로 건물에 있어서 중요한 요소이다. 건물이 무너지지 않고 서 있을 수 있는 것은 사람에게 골격이 있는 것처럼 구조가 있기 때문이다. 건축물의 구조에는 재료에 따라 목조, 벽돌조, 철근 콘크리트조, 철골조 등이 있고, 형식에 따라 라멘 구조, 벽식 구조, 트러스 구조, 현수 구조 등이 있다.

　사실 구조는 우리 눈에 잘 띄지 않아 일반인들이 관심을 가지기가 쉽지 않다. 대부분의 구조는 마감재료 속에 감춰지는 경우가 많고, 기둥이나 보가 노출되어 있다고 해도 이를 눈여겨볼 사람은 거의 없다. 따라서 구조로 아름다운 느낌을 주는 건축물은 재료와 구조 방식이 주는 강렬함, 재료의 한계를 극복하거나 중력을 거스르는 형태에 따른 경이로움 등의 특징을 가진다.

story 6.
구조적인 아름다움을 주는 건축물

쇼펜하우어(Schopenhauer)는 "건축이 아름다운 이유는 사람이 만든 건물의 강도가 중력의 힘과 대결함으로 말미암아 이루어지는 극적이면서도 비인격적인 영원한 투쟁이 가져오는 정서적인 긴장이 건축을 통하여 표현되는 까닭이다."라고 하며 건축물의 구조적 아름다움을 표현하였다.

먼저 재료와 구조 방식을 외부로 노출하며 구조의 아름다움을 보여주는 건축물을 살펴보자. 고대에서부터 사용해온 구조 방식 중 지금까지도 큰 사랑을 받는 구조는 아치 구조이다. 아치 구조는 벽돌이나 석재를 쌓아 올린 건물에 개구부를 낼 때 개구부 위에서 누르는 힘을 분산시키기 위해 방사선형으로 쌓아 올린 구조를 일컫는 말로서, 고대에는 원호 아치, 첨탑 아치 등의 형태로 수도교, 개선문, 성당 등에 널리 사용되었고, 현재는 철근 콘크리트, 철골과 어우러져 아름다운 구조물을 만드는 데 사용되고 있다.

고대에 지어진 아치 구조물 중에 아름다움이 가장 돋보이는 것은 로마 수도교가 아닐까 싶다. 로마인들은 공중목욕탕, 공중화장실, 분수대 등 물을 빈번하게 사용하였는데, 깨끗한 물을 공급하고, 오염된 물로 인하여 발생할 수 있는 전염병을 예방하기 위해 먼 곳에서부터 물을 끌어와야 했다. 이렇게 물을 수송하기 위하여 건립된 수도교는 100만 명 이상의 도시 로마의 경제를 지탱하는 원동력이었으며, 일부는 지금까지도 남아 시민들에게 수돗물을 공급하고 있다.

전 세계적으로 11개의 대표적인 수도교가 있는데 이 중에서도 스페인 세고비아와 프랑스 퐁 뒤 가르, 터키의 콘스탄티노플의 수도교가 특히 유명하다. 전체 길이 728미터에 높이 28미터, 화강암 블록을 쌓아 2단형 다리로 되어 있는 세고비아 수도교는 그중에서도 가장 아름답다는 평가를 받고 있다. 아치형으로 쌓인 돌을 보고 있노라면 2,000여 년의 세월을 버텨온 힘과 경이로움이 감탄을 자아낸다. 도시를 관통하는 세고비아 수도교와는 다르게 프랑스 퐁 뒤 가르 수도교는 자연과 어우러져 아름다움을 뽐내고 있다. 무려 50km에 달하는 도수로의 중간에 가르 강을 가로 지르는 퐁 뒤 가르 수도교는 3단 아치로 되어 있어 세고비아와는 또 다른 감동을 선사한다.

• 아치의 아름다움을 여실히 보여주는 수도교

세고비아 수도교

story 6.

구조적인 아름다움을 주는 건축물

프랑스 퐁 뒤 가르 수도교

아치 구조가 건물 전체로 확대된 모습은 로마의 콜로세움이나 올림피아의 제우스 신전에서 찾아볼 수 있다. 아치 구조 보다는 기둥의 오더 양식에 더 큰 의미를 부여하는 건물들이지만 아치의 아름다움 또한 잘 볼 수 있다. 아치 구조는 고전 건축물의 창, 개선문, 대성당의 돔 등 정말 다양한 곳에서 발견할 수 있다. 그만큼 안정적인 구조와 미적인 요소가 큰 작용을 했을 것이다.

• 아치 구조를 적용한 다양한 건축물

콜로세움

노르망디 성당

아치 형태의 다리 - 1

아치 형태의 다리 - 2

이탈리아의 한 골목

플로렌스 시장

    현대로 오게 되면 재료가 발달함에 따라 아치 형태를 구조적인 요소로서가 아니라 미적인 요소로 더 많이 사용하게 된다. 대표적인 건축물이 에펠탑과 오르세 역이다. 파리의 상징이라 할 수 있는 에펠탑

story 6.
구조적인 아름다움을 주는 건축물

은 1889년 구조 설계자 구스타브 에펠이 설계한 철골조 건물로서 전 세계인의 사랑을 한몸에 받고 있는 건축물이다. 프랑스 독립 100주년을 기념하며 개최한 파리박람회의 입구로 만들어진 에펠탑은 철골 구조물의 아름다움을 몸소 보여주고 있다. 지어질 당시만 해도 도시의 미관을 해치는 고철 덩어리로 취급을 받기도 했으나 그러한 비판은 시간이 흐르면서 자연스럽게 사그라들었다. 높이가 300미터 정도로 그 전에 지어졌던 고층 건물의 두 배에 이르렀음에도 구조의 아름다움을 뽐내며 현재까지도 큰 사랑을 받는다는 것은 정말 대단한 일이다.

아치형 철골 구조물을 사용하여 아름다운 느낌을 주었던 또 다른 건축물은 역시나 파리에 지어진 오르세 역이다. 오르세 역은 파리 국립미술학교 건축과 교수로 있던 빅토르 랄로가 설계하였는데, 아르누보 양식의 아치형 지붕과 플랫폼은 화려함과 웅장함을 자랑한다. 현재 오르세 역은 기착 역으로서 기능을 상실하게 되어 오르세 미술관으로 리모델링 되었으나 아름다움을 자랑하던 오르세 역의 아치형 구조는 대부분 그대로 사용되었다. 아치는 구조적으로도 안전하므로 다리에도 많이 적용되었는데 앞서 살펴본 수도교를 비롯하여 전 세계적으로 오래된 다리 중에 돌로 된 아치 형태의 다리가 많다. 현대에도 시드니의 하버 브릿지나 뉴리버 협곡의 아치교 등에서 아치의 아름다움을 뽐내는 모습을 볼 수 있다.

• 아치 구조를 적용한 다리 구조물

하버 브릿지

뉴리버 협곡 아치교

앞서 2장에서 내부 공간을 다룰 때 무주공간에 대하여 이야기한 적이 있다. 꼭 무주공간이 아니더라도 일반적인 구조로는 해결하기 힘든 곳에 트러스 구조나 현수 구조, 쉘 구조 등의 특수한 구조 공법이 사용된다.

트러스 구조는 여러 개의 직선 부재를 한 개 또는 그 이상의 삼각형 형태로 배열하고 각 부재를 접점에서 연결해 구성한 뼈대 구조로서 힘을 효과적으로 분산시킬 수 있어 교량이나 대형 지붕에 주로 사용된다. 트러스 구조는 아치 구조와 같이 형태 자체가 아름다워 다른 구조가 마감재에 숨겨지는 것에 반하여 외부로 노출되어 디자인 요소로 활용되는 경우가 많다. 앞서 언급했던 에펠탑이 더 아름답게 보이는 것은 타워 전체가 트러스 구조로 되어 있기 때문이다. 운동 경기장이나 공항, 철도역 등 기둥이 없는 대형 공간이 필요한 곳에 철골 트러스 구조를 그대로 노출한 경우를 많이 볼 수 있고, 기둥이 없이 앞으로 쭉 뻗어 있는 캔틸레버 구조에서도 종종 트러스의 아름다움을

story 6.
구조적인 아름다움을 주는 건축물

볼 수 있다. 우리나라의 상암 월드컵 경기장, 광주 월드컵 경기장이 대표적으로 트러스 구조로 되어 있는 경기장이며, 세계적으로 아름다운 철도역으로 평가받는 런던의 킹스크로스 역이나 베를린의 하프반 호프 역은 철골 트러스 구조와 유리가 만나 세련되고 화려한 느낌을 자아낸다.

• 트러스 구조의 아름다움을 보여주는 철도역

런던 킹스크로스 역

베를린 하프반호프역

트러스 구조가 때로는 건축물의 외부로 나와서 자태를 뽐내는 경우가 있는데 대표적인 건축물이 퐁피두 센터이다. 퐁피두 센터는 에스컬레이터, 각종 배관 등 설비 시설을 외부로 노출시킨 것으로도 큰 화제가 되었는데, 건물의 구조 또한 외부로 노출시켜 신선한 충격을 주었다. 이렇게 외부로 드러나 있는 철골 트러스 구조의 모습은 철강의 예술적 가치를 보여준다는 평가를 받기도 했다.

트러스 구조를 디자인 요소로 잘 활용한 대표적인 건축가는 렘 콜하스와 자하 하디드이다. 실험 정신이 강했던 네덜란드 건축가 렘 콜하스는 전 세계를 무대로 활동하고 있으며 다양한 형태의 건축물을 선보이고 있다. 그가 우리나라에 설계한 서울대학교 미술관은 캔틸레버 구조로서 트러스를 활용하였고, 외벽이 반투명 유리로 되어 있어 구조가 그대로 보여진다. 이러한 형태는 그의 다른 작품에서도 흔히 볼 수 있는데 대표적인 건축물이 시애틀 국립도서관과 베이징의 CCTV 건물이다. 두 건축물은 독특한 형태를 가지고 있는데 이를 구현하기 위하여 렘 콜하스는 트러스 구조를 도입하였다. 외벽은 모두 유리로 설계하여 트러스가 그대로 노출되어 구조의 아름다운 모습을 강조하고 있다.

자하 하디드 또한 형태의 자유로움에서는 그 누구에게도 뒤지지 않는 건축가다. 그녀의 경우에는 렘 콜하스처럼 대놓고 구조를 노출시키지는 않았지만, 그녀만의 독특한 형태를 구현하기 위하여 트러스 구조를 즐겨 사용하였다. 동대문디자인플라자의 대형 캔틸레버 형태도 내부에는 트러스 구조로 되어 있고, 아제르바이잔의 헤이다 알리예프 센터의 독창적인 형태도 트러스 구조로 실현시켰다. 광저우 오페라 하우스의 경우에는 트러스 구조가 외부로 노출되어 아름다움을 과시하기도 하였다.

• 트러스 구조의 아름다움을 보여주는 건축물

서울대학교 미술관

시애틀 국립도서관

story 6.
구조적인 아름다움을 주는 건축물

CCTV 시공 중

CCTV 시공 후

동대문 디자인 플라자

광저우 오페라하우스

    벽돌의 특징을 잘 살린 것이 아치 구조라면 철의 특징을 가장 잘 살린 것은 현수 구조다. 철의 가장 큰 특징은 잡아당기는 인장력에 강하다는 것인데 현수구조는 케이블의 인장력을 통하여 하중을 기둥으로 이동시키는 구조인데, 이는 주로 교량에 많이 사용되었다. 세계에서 가장 아름다운 다리로 불리는 금문교가 현수 구조의 아름다움을 그대로 보여주는 좋은 건축물이다. 웬만한 건축물보다 높은 227미터 높이의 두 탑과 케이블로 연결된 약 2,800미터 길이의 금문교는 주황색의 옷을 입고 있으면서 주변 자연과 어우러져 장관을 연출한다.

지금이야 시공 기술이 보다 발전하여 더 큰 규모의 다리도 건설되고 있지만, 1930년대에 지어진 금문교는 현대 토목건축물 7대 불가사의 중 하나로 지정될 만큼 경이로운 건축물이다. 규모 자체만으로도 놀랍지만, 케이블이 늘어선 현수 구조가 주는 아름다움이 더해져 수많은 영화의 배경으로 등장하기도 하고, 샌프란시스코를 찾는 수많은 관광객들의 사랑을 받고 있다.

건축물에서 현수 구조의 아름다움을 잘 표현한 건물은 스페인 건축가 산티아고 칼라트라바가 설계한 밀워키 미술관이다. 주로 사람이나 동물에서 모티브를 얻었던 산티아고 칼라트라바는 현수 구조를 활용하여 금방이라도 날아갈 듯한 새의 형상을 밀워키 미술관에 도입하였다. 주요 건축물에 더해진 쿼드래시 전시관이 그의 작품인데 우아한 케이블 지지물 다리, 드라마틱하게 움직이는 리셉션 홀, 비상하는 날개처럼 열리는 선 스크린 지붕 창 등이 미시간 호수와 어우러져 아주 특별한 감동을 선사한다.

현수 구조의 놀라움을 보여주는 또 다른 건축물은 알바로 시자가 98 포르투갈 리스본 엑스포의 출입구로 설계한 포르투갈 파빌리온이다. 이 건물의 핵심은 두 전시장을 잇는 두께 20센티미터의 얇고 거대한 콘크리트 캐노피이다. 케이블을 활용한 현수구조로 설치하여 바람에 의한 변형과 처짐에 저항하도록 설계된 이 캐노피는 금방이라도 처질 것 같지만 버티고 있는 구조의 미를 잘 보여주고 있다.

story 6.
구조적인 아름다움을 주는 건축물

• 현수 구조의 아름다움을 보여주는 건축물

금문교 -1

금문교 - 2

밀워키 미술관

포르투갈 파빌리온

　아름다움을 주는 구조방식으로서 아치, 트러스, 현수 구조를 살펴보았는데 마지막으로 살펴볼 구조는 쉘 구조다. 쉘 구조는 얇은 곡면판으로 공간을 덮는 구조로서 원통형, 재단구형, 쌍곡 포물선형, 자유형 등 형태가 굉장히 다양하다. 프랑스의 페레 형제가 1900년경에 개발하여 최초로 사용하였으며, 철근콘크리트 구조 기술과 컴퓨터의 발전으로 독창적인 형태를 구현하는 데 널리 사용되고 있다. 시드니 오페라 하우스가 자유형 쉘 형태를 취하고 있으며, 에로 사리넨의 MIT 강당과 뉴욕의 JFK 공항 TWA 터미널은 대표적인 쉘 구조이다. 송도에 있는 트라이볼은 세계 최초 역쉘 구조로서 독특한 형태를 자랑한다.

이렇듯 쉘 구조는 독창적인 형태를 구현하기 위한 건축가와 구조 기술자들의 노력이 깃든 구조로서 많은 이들에게 신선한 감동을 준다.

• 쉘 구조의 아름다움을 보여주는 건축물

MIT 강당

역쉘 구조의 트라이볼

사람들은 독특한 형태에 아무래도 시선이 간다고 1장에서 다룬 적이 있다. 독특한 건축물의 경우 그야말로 외형 자체가 독특한 형태를 가진 것도 있지만, 중력을 거스르는 듯한 형태를 취하고 있어 위태로운 모습에 흥미를 끄는 건축물들이 있다. 앞서 살펴본 건축물 중에 포르투갈 파빌리온 같은 경우도 이렇게 아슬아슬한 캐노피의 모습에 더 큰 관심을 받는 것이다. 상식적으로 건축물은 아래층으로 갈수록 힘을 많이 받기 때문에 하부의 구조가 크고 튼튼해야 한다. 하지만 특수한 구조 방식을 도입하여 이에 반하는 형태를 취하고 있는 건축물들을 세계 곳곳에서 심심찮게 볼 수 있다. 피사의 사탑처럼 기울어진 형태나 하부가 점점 줄어드는 형태, 기둥 없이 하부가 비어 있는 캔틸레버 구조 형태를 취하는 건축물이 대표적인 사례라 하겠다.

기울어진 건축물 하면 딱 떠오르는 것은 피사의 사탑일 것이다. 피사의 사탑이 이렇게 기울어진 건물의 상징과도 같지만, 이 탑은 사실 의도적으로 기울어지게 설계한 건축물이 아니다. '사상누각'이라는 말은 모래 위에 집을 짓는다는 표현으로 기초가 튼튼하지 못하면 곧 무너지고 만다는 것을 뜻한다. 모래까지는 아니지만 피사의 사탑은 지반이 약한 부지에 지어지다 보니 3층까지 지었을 때 땅이 일부 꺼지면서 건물이 기울어졌다고 한다. 원칙대로라면 공사를 중지하고 지반을 보강해야 했겠지만, 그 당시 자존심이 강했던 건축가는 기울어지지 않은 쪽의 기둥과 아치를 조금 더 높게 세워 똑바로 보이게 하는 편법을 썼다. 피렌체 전쟁이 발생하고, 지반을 보강하자 다른 쪽으로 탑이 기우는 등 여러 차례 공사가 중단되고 재개되고 하는 우여곡절 끝에 1370년, 1.4m 가량 기운 탑이 준공되었다.

하지만 그 이후에도 탑은 점점 더 기울어졌고, 이 탑을 무너지지 않게 하기 위해서 다양한 시도를 하였지만 모두 실패로 돌아갔고, 결국 기울어진 반대쪽의 흙을 파내는 방식으로 19세기 초 수준인 4.1m 가량 기운 상태를 유지할 수 있게 되었다. 어찌 보면 있어서는 안 될 건축물이지만 지금도 기울어진 모습 때문에 전 세계적으로 사랑받는 피사의 사탑은 구조적으로 분명 흥미로운 건축물이다. 피사의 사탑은 기울어진 건물의 시초로서 유사한 형태의 건물이 탄생하게 되는 계기를 제공했다는 점에서도 의미가 있다.

• 기울어진 건물의 대명사 피사의 탑

기울어져 아슬아슬한 모습의 피사의 사탑

피사의 사탑보다 10배가 더 기울어진 52도의 기울기를 자랑하는 싱가포르의 마리나 베이 샌즈 호텔이나 현재 가장 경사진 건축물로 기네스북에 등재된 아부다비의 캐피탈 게이트 건물은 각 도시를 대표하는 랜드마크가 될 정도로 구조의 아름다움을 자랑하고 있다.

story 6.
구조적인 아름다움을 주는 건축물

• 기울어진 모습으로 구조의 경이로움을 보여주는 건축물

마리나 베이 샌즈 호텔

캐피탈 게이트

먼저 싱가포르에 가면 꼭 한 번 묵어야 하는 곳으로 정평이 나 있는 마리나 베이 샌즈 호텔에 대하여 살펴보자. 이스라엘 건축가 모세 사프디가 설계한 마리나 베이 샌즈 호텔은 경사진 55층짜리 건물 3동과 이를 연결하는 340미터의 스카이파크로 구성되어 있어 싱가포르의 랜드마크로 불릴 정도로 엄청난 규모와 화려함을 자랑한다. 52도나 기울어진 건물을 시공하기 위해 교량 건설에 쓰는 특수공법을 적용할 정도로 쉽지 않은 공사였다고 한다. 자랑스럽게도 이 건물을 실현한 시공사는 우리나라의 쌍용건설이다. 건물이 무너지지 않도록 경사진 구조물 내부에 강연선을 설치하여 당겨주는 공법을 사용하였고, 6만 톤이나 되는 스카이파크의 하중을 분산시키기 위하여 트랜스퍼 트러스

공법을 사용하는 등 다방면의 노력 끝에 27개월이라는 짧은 기간 내에 건물을 완성할 수 있었다. 다리를 살짝 벌리고 있는 듯한 곡선이 아름다운 마리나 베이 샌즈 호텔은 구조가 보여주는 경이로움이 잘 느껴지는 건축물이다.

52도나 기울어진 마리나 베이 샌즈 호텔이지만 건물 전체가 18도 기울어졌다는 점에서 기네스북에 올라 있는 가장 경사진 건축물은 아부다비에 있는 캐피털 게이트 호텔이다. 높이 160미터의 35층짜리 건축물은 18도 기울어진 형태를 구현하기 위하여 지반에 고강도의 강철망과 30미터의 파일을 박아 고정하였으며, 'ㅅ(시옷)'자 자재를 반복적으로 사용하는 다이아 그리드 공법과 건물과 반대방향으로 기운 프리 캠버 코어를 사용하여 풍력과 지진력 등에 저항하도록 하였다. 건축가인 닐 반데르 빈은 사막의 회오리바람과 높은 파도에서 영감을 얻어 이 건물을 설계하였는데, 기네스북에 오를 정도로 용감한 그의 도전 정신이 우리에게 또 하나의 좋은 건축물을 선사해 주었다.

기울어진 건축물만큼 구조적으로 흥미로운 건축물이 위로 갈수록 커지는 형태나 캔틸레버 형태의 건축물이다. 앞서 잠깐 언급한 송도의 트라이볼은 역쉘구조로 설계되어 위로 갈수록 커지는 형태를 취하고 있어 흥미를 이끈다. 전시 및 행사용 공간으로 사용되는 이 건축물은 독특한 구조와 부드러운 자유 곡면이 만나 송도를 대표하는 건축물로 자리 잡았다. 2011년 부산에 지어진 영화의 전당 건물 또한 중력을 거스르는 듯한 모습을 하고 있는데, 이러한 모습의 근원은 단연 2개의 초대형 지붕에 있다. 길이 162.53m, 너비 60.8m로 세계 최대 규모의 캔틸레버형 지붕은 다이내믹한 부산의 모습을 담으려고 했던 건축가의 바람대로 역동적인 느낌을 잘 보여준다. 엄청난 규모와 입체감을 자랑하는 일본 안파치의 산요 솔라 아크 건물 또한 캔틸레버 형태가 주는 경이로움을 잘 보여준다. 이 건물은 중앙에만 박물관 등의 실이 있고 양팔 벌린 구조는 모두 태양광 집열판을 위한 것인데, 양팔 벌린 구조를 캔틸레버 형태로 구현하여 구조의 아름다움을 선사한다. 이 외에도 구조 기술이 발달함에 따라 주택, 박물관, 전망대 등 용도를 가리지 않고 공중 부양하고 있는 듯한 캔틸레버 구조 방식을 널리 사용하고 있다.

• 캔틸레버 구조의 건축물

산요 솔라 아크

캔틸레버 주택

마지막으로 살펴볼 건축물은 재료의 한계를 극복하여 구조의 강인함을 보여주는 세비야 메트로폴 파라솔이다. 목조 구조는 강도에 있어서 한계가 있어서 저층 주택이나 리조트 등에 주로 사용된다. 하지만 위르겐 마이어 헤르만이 설계한 메트로폴 파라솔은 목구조의 새로운 지평을 열었다. 안달루시아의 버섯이라고 불리는 이 건축물은 유기적이고 독특한 형태에 혀를 내 두르게 된다. 근처에 있는 무화과나무에서 모티브를 얻었다는 위르겐 마이어 헤르만은 이 형태를 구현하기 위하여 목재, 철, 콘크리트, 유리 등 많은 재료를 시험한 끝에 목재를 선택했다. 3,400개의 목재가 결합하여 세계에서 가장 큰 목조 구조물로 등극한 메트로폴 파라솔은 강도가 낮은 목재의 한계를 극복하는 모습을 보여준다는 것에 큰 의의가 있다. 이렇게 탄생한 건축물은 낮에는 작열하는 태양을 피하는 곳으로, 저녁에는 다양한 공연이 펼쳐지는 곳으로 사용되며 낙후된 엔카르나시온 광장에 새로운 활기를 불어넣었다.

• 세계 최대의 목조건물 메트로폴 파라솔

거대한 메트로폴 파라솔 전경

야경으로 빛나는 메트로폴 파라솔   목조로 이루어진 지붕

구조는 정말 건축물에 있어서 가장 중요한 요소 중 하나임에도 불구하고 우리 눈에는 잘 보이지 않아 무심코 넘어가기 쉽다. 하지만 아는 만큼 보인다는 말이 있듯이 구조에 조금 관심을 가지고 건물을 바라본다면 '저렇게도 건물이 서 있을 수 있구나'하는 생각과 이를 구현해 준 많은 사람들의 피땀 흘린 노력을 느낄 수 있을 것이다. 요즘은 특히나 중력을 거스르는 듯한 형태와 캔틸레버 구조를 강조한 건물이 많이 생기고 있으니 관심을 가지고 건물을 바라본다면 훨씬 더 건물을 보는 재미가 있을 것이다.

Story 7

기능에 충실한 건축물

07

　비트루비우스가 제시한 건축의 3요소 중 미적인 요소와 구조에 대하여 앞서 살펴보았다. 이번 장에서 이야기하고자 하는 것은 나머지 하나인 건축물의 기능에 관한 것이다. 미적인 요소가 필수적인 사항이 아님에도 좋은 건축물을 떠올리는 가장 큰 기준이 되었고, 구조와 기능의 경우에는 필수적인 사항임에도 좋은 건축물을 판단하는 기준에서는 뒷전으로 밀리고 있다. 하지만 앞 장에서 구조가 줄 수 있는 아름다움에 대하여 설명하였듯이 건축물의 기능을 구현하는 데 있어 남다른 방식을 사용하여 우리에게 큰 감동을 주는 건축물이 있다. 이러한 건축물을 이번 장에서 다뤄 보고자 한다.

　기능이란 무엇인가? 기능이란 그 사물의 존재 이유다. 옷의 기능은 우리 몸을 보호하고 멋을 내는 것이고, 자동차의 기능은 우리를 더욱 빠르고 편리하게 이동시켜 주는 것이다. 한 가지의 기능만 가지는 사물도 있고, 하나의 사물이 여러 가지 기능을 가지는 경우도 있다. 그렇다면 건축물의 기능은 무엇일까? 태초의 건축물은 움집과 오두막과 같은 주거로서 비바람과 다른 동물로부터 보호하는 것이 유일한 기능이었다. 하지만 시대가 변함에 따라 신전, 극장, 목욕탕과 같은 새로운 유형의 건축물이 등장하게 되고 이에 따라 제사, 연회 등과 같은 새로운 기능을 가지게 되었다. 그러다가 산업혁명이 일어나면서 세상은 급격히 변화하고 시대가 건물에 새로운 기능을 요구함에 따라 공장, 백화점, 철도 역, 공동주택 등과 같은 새로운 유형의 건축물이 탄생하게 되었다.

- 고대 시대의 건축물

극장

목욕탕

- 현대 시대의 건축물

공장

백화점

story 7.
기능에 충실한 건축물

건물이 기능에 충실하다는 것은 건물의 용도에 맞게 잘 지어졌다는 것을 의미한다. 극단적으로 공장을 호텔처럼 지었을 때 아무리 외관이 화려하다고 해도 공장 고유의 기능인 생산을 할 수 없는 구조라면 아무 쓸모 없는 건물이 되고 마는 것이다. 이렇듯 호텔은 호텔답게 공장은 공장답게 지어진 건축물이 기능에 충실한 건축물이다. 하지만 대다수 건물이 용도에 맞게 설계가 되기 때문에 기능에 충실하다고 모두 좋은 건축물로 받아들이기는 힘들다.

그래서 이 장에서 살펴볼 좋은 건축물은 요구된 기능을 독창적인 해석으로 구현해낸 건물이다. 앞서 기능은 그 사물의 존재 이유라 하였다. 건축의 기능이란 건축의 존재 이유, 즉 건축의 본질이라 할 수 있다. 건축의 본질에 대하여 가장 고민을 많이 했던 건축가 중 한 사람이 앞에서 몇 번 언급한 적이 있는 루이스 칸이다. 루이스 칸은 건축 의뢰가 들어왔을 때 항상 그 건물의 본질에 대하여 고민했다. 연구소 의뢰가 들어오면 연구소 건물의 본질에 대해서, 도서관 의뢰가 들어오면 도서관 건물이 어떠해야 하는지를 끊임없이 탐구해서 설계를 완성한 것이다. 때로는 그의 이러한 성향 때문에 일반인들이 그의 건축을 이해하지 못해 퇴짜를 맞는 경우도 많았다. 하지만 그의 노력은 절대로 헛된 것이 아니었다.

루이스 칸의 설계가 그의 생각만으로 그친 경우도 많지만, 그가 실현해낸 건축물은 타의 추종을 불허하는 훌륭한 작품으로 탄생한 것이다. 유리 피라미드를 설계한 아이 엠 페이는 루이스 칸의 서너 작품이 자신의 수많은 작품과는 비교조차 할 수 없다고 이야기했으며, 빌바오 구겐하임 미술관을 설계한 프랭크 게리는 자신의 첫 번째 작품은 칸에 대한 존경심에서 탄생한 것이라고 말할 정도로 그의 몇 안 되는 작품은 많은 건축가들에게 본보기가 되고 있다.

이렇게 건축의 본질을 추구하며 탄생시킨 대표적 건축물이 필립스 엑시터 아카데미 도서관과 킴벨 미술관이다. 루이스 칸은 필립스 엑시터 아카데미 도서관을 계획하기 전에도 도서관 설계를 한 적이 있는데 그때 당시 도서관의 기원에 대하여 연구하며 도서관에 대한 자신만의 생각을 정리해 나갔다. 특히 중세 도서관의 형식에 영향을 많이 받았는데 그곳의 개인 열람실이 회랑 옆에 위치하여 빛에 가까이 있다는 점에 주목하였다. 그리고 그는 무엇보다도 도서관이 책을 보관하는 장소가 아니라 책을 읽는 사람들을 위한 장소임을 강조하였다.

"도서관이란 사서가 책을 배열하고 선택된 페이지를 열어 독자를 유혹할 수 있는 장소라고 생각한다. 거기에는 사서가 책을 놓을 수 있는 거대한 테이블이 있어야 하고 독자는 책을 들고 빛이 있는 곳으로 갈 수 있어야 한다."라는 그의 말에서도 도서관이 어떠해야 하는지를 잘 보여주고 있다. 이러한 고심 끝에 탄생한 엑시터 아카데미 도서관의 내부 공간은 캐럴, 서고, 중정의 3부분으로 나누어진다. 세 부분은 다른 구조와 층고로 설계하여 독립된 성격을 갖도록 하면서 시각적으로는 모두 열려 있다. 중앙홀에서는 원형의 개구부를 통해서

서적이 보여 마치 책들로부터 초대받는 느낌을 주려고 하였으며, 도서관의 핵심이라고 여겼던 캐럴에서는 자연광과 풍경을 유입할 수 있는 창문을 두어 안락한 느낌을 주고 있다. 도서관 이용자들의 호평이 끊이지 않는 필립스 엑시터 아카데미 도서관은 건축의 본질을 끊임없이 탐구한 루이스 칸의 혼이 담긴 건축물로 기능을 충실히 수행하고 있는 훌륭한 건축물이다.

• 필립 엑시터 아카데미 도서관

중앙홀

캐럴

그의 또 다른 작품인 킴벨 미술관을 살펴보자. 앞서 언급했지만, 루이스 칸은 설계 의뢰를 받으면 항상 이 건물이 무엇이 되고 싶어 하는지(What it wants to be)에 대한 본질과 어떻게 되어 있었는지(How it was done)에 대한 구축 방식을 가장 먼저 고민하였다. 킴벨 미술관의 설계 의뢰가 들어왔을 때도 마찬가지로 미술관이 가져야 하는 분위기, 고객의 요구사항을 어떻게 구축할 것인지를 심도 있게 고민하였다. 미술관의 본질에 대하여 칸은 다음과 같이 규정하였다.

"빛의 분위기가 보는 것에 관련되면 그림은 다른 상황을 제공한다. 이것은 무엇의 본질로서 자신의 생각을 결정하는 또 다른 예이다. 진정으로 그것이 당신이 회화를 감상하는 장소의 본질이라고 생각한다."

이렇듯 미술관을 단순히 그림을 전시하는 곳으로 보지 않고, 미술작품이 돋보일 수 있는 분위기와 사용자가 편안하게 작품에 집중할 수 있는 공간을 갖춘 곳으로 계획하였다. 킴벨 미술관은 규모가 크지도 형태가 화려하지도 않지만, 탑라이트를 통해서 들어오는 자연빛은 작품을 감상하는 데 최적의 분위기를 조성하고 있다.

• 킴벨 미술관

외부 전경

내부 모습

story 7.
기능에 충실한 건축물

많은 사람들이 시드니 오페라 하우스나 뉴욕의 구겐하임 미술관 같은 건물에 열광하지만 사실 이들은 기능적인 측면에서는 그다지 훌륭한 건축물은 아니다. 물론 건축의 기능을 내부에서 사용하는 측면에서만 한정 지을 수 없지만, 건물 고유의 기능을 제대로 수행하지 못한다는 측면에서는 비판을 받아 마땅하다. 시드니 오페라 하우스는 정작 오페라가 열릴 수 없는 규모를 가지고 있으며, 뉴욕의 구겐하임 미술관은 램프가 건물의 핵심이지만 정작 작품을 감상하기에는 불편하다. 물론 이러한 문제점에도 불구하고 두 건축물은 주변과의 조화로움이나 신선한 형태로 분명 우리에게 좋은 느낌을 주기 때문에 좋은 건축물이라 할 수 있다. 하지만 루이스 칸처럼 건축의 본질에 대하여 탐구하며 구현한 그의 작품에도 일반인들의 많은 관심이 생겼으면 하는 바람이다.

전쟁 기념관의 기능은 과연 무엇일까? 전쟁을 기념한다는 것은 전쟁으로 인하여 죽은 이들을 기리고, 희생을 추모하는 것이다. 우리나라에 있는 전쟁기념관도 그렇고 미국에 있는 많은 전쟁 기념관을 보면 애국심을 고취하기 위한 상징적인 동상이나 기념탑 같은 것이 많다는 것을 알 수 있다. 이러한 방식도 나쁘다고 할 수는 없지만 지금 소개할 전쟁 기념관은 조금은 다른 모습으로 기능을 수행하고 있다.

워싱턴 기념탑과 링컨 기념관 사이에 위치한 베트남전 기념관(Vietnam Veterans Memorial)은 다른 기념관과는 달리 아주 담담한 모습을 취하고 있어 신선한 충격을 준다. 추모 공원에 묻혀 있는 검은색 돌담 벽이 기념관의 전부이다. 하지만 베트남전 당시 실종되었거나 사망한 5만

8천여 명의 미국인 이름이 알알이 새겨져 있고, 검은색 돌에 비친 자신의 모습을 보면 절로 숙연해지는 느낌을 준다. 이를 설계한 마야 린은 이 기념관이 미국식 애국의 선전물이 되기를 거부했고, 미국 역사에 씻을 수 없는 오점을 남긴 베트남전의 상처와 과오를 직시하는 장소가 되기를 원했다고 한다. 이처럼 단순한 형태이지만 기념관이라는 기능을 충실히 수행하고 있는 좋은 건축물인 것이다.

• 전쟁 기념관

전쟁기념관

한국전 기념관

베트남전 기념관 - 1

베트남전 기념관 - 2

다음으로 살펴볼 건축물은 2015년 한국건축문화대상에 선정된 전북현대모터스의 클럽하우스이다. 스포츠에 관심이 없는 사람이라고 하면 클럽하우스가 무엇인지도 잘 모를 것이지만 많은 사람들이 스포츠에 열광하는 만큼 각 구단에서는 선수들의 편의와 훈련을 위한 클럽하우스가 존재한다. 클럽하우스의 기능이라고 하면 선수들의 숙식, 훈련, 재활 및 치료라고 할 수 있다. 세계 명문 구단의 클럽하우스를 벤치마킹하여 설계한 이 건축물은 선수들의 동선과 습관 하나하나를 체크하면서 사용자의 편의에 심혈을 기울인 결과 한국건축문화 대상에 빛나는 멋진 건물이 탄생하였다.

일반인이 가장 많이 사용하는 건물 중의 하나는 업무시설이다. 많은 사람들이 오피스 건물에서 일을 하고 있다. 대기업은 지역 곳곳에 사옥이 있지만 작은 회사들에게는 자신들만의 사옥을 갖는 것은 꿈만 같은 일이다. 이전까지의 사옥이 업무만 수행하는 공간이었다고 하면 지금은 업무는 물론이거니와 아이디어 창출, 교육, 휴식, 놀이하는 공간으로 변모하고 있다. 이러한 사옥의 모습은 기업의 문화와 철학을 담아 구성원들의 업무 의식을 고취할 뿐만 아니라 그 회사의 이미지를 변화시키고 홍보하는 효과도 있다.

개인의 자유와 창의력을 존중하기 위하여 놀이터, 세탁실 등의 편의시설을 갖추고 있고, 구성원들의 업무 패턴에 맞춰 설계된 구글 캠퍼스는 직장인이라면 누구나 한 번쯤 일해 보고 싶은 공간이다. 실리콘 밸리에 있는 본사 외에도 세계 각 나라에 위치한 구글 캠퍼스는 나라별 특징도 반영하지만, 개방과 창의성이라는 기업 정신은 그대로 유지되어 있음을 알 수 있다.

세계적인 건축가 프랭크 게리가 설계한 페이스북 사옥은 다소 소박한 모습이지만 페이스북의 성격을 잘 표현한 건물이라는 평을 받고 있다. 페이스북 사옥은 원룸 형태의 세계 최대 오픈 공간으로 되어 있어 모든 직원이 하나로 소통할 수 있게 하였다. 그리고 천정고를 일반 사무실과는 다르게 8미터로 계획하여 개방된 느낌을 주며, 옥상에는 엄청난 규모의 공원을 조성하여 구성원들의 쉼터를 제공하고 있다.

우리나라도 젊은 기업들의 사옥은 독특한 공간들을 갖추고 있어 많은 직장인들의 부러움을 사고 있다. 대표적인 포털 사이트 네이버 사옥은 내부에 다양한 회의실이 존재하고 독특한 디자인의 식당으로 유명하다. 구글 캠퍼스와 마찬가지로 은행, 병원 등 편의시설도 사옥 내부에 갖추고 있어 구성원들이 업무에 집중할 수 있도록 설계되어 있다. 제주도에 본사를 둔 다음 커뮤니케이션의 사옥 또한 2012년 한국문화건축대상에 선정될 정도로 훌륭한 건축물로 이름을 알리고 있다. 제주도의 특징을 잘 살려 재료를 선택한 점과 자연 속에서 아이디어를 떠올릴 수 있도록 설치한 야외 테라스 등 구성원들의 편의를 고려한 디자인이 돋보이는 건축물이다. 이렇듯 사무실이 단순히 업무 기능만 수행하는 것이 아니라 다양한 기능을 수행하며 건물의 이용자에게 즐거운 체험을 할 수 있게 해준다는 측면에서 앞서 소개한 사옥들은 좋은 건축물이라 할 수 있다.

story 7.

기능에 충실한 건축물

• 상상력을 자극하는 구글 캠퍼스

자유로운 업무 공간

자유로운 회의 공간

　세상이 점점 더 빠르게 변화함에 따라 건물의 기능 또한 새롭게 생겨나고 있다. 반도체나 바이오 의약품과 같이 정밀하고 깨끗한 공간을 필요로 하는 곳에는 클린룸의 기능을 가진 건물이, 가상 현실의 공연을 보여주고자 하는 곳에는 홀로그램 공연장이, 우주 개발이 활발해지면서 우주정거장이나 우주 발사체와 같은 건물 등이 새롭게 생겨난 것이다. 온도와 습도를 적정 상태로 유지 한다든지, 최적의 울림과 반사를 고려한 음향을 제공한다든지, 워터파크와 같은 새로운 놀이 공간을 제공한다든지 하는 새로운 기능을 기술의 발전으로 구현해 나가고 있다. 이렇게 세상은 앞으로도 계속해서 변화해 갈 것이고, 그에 따른 새로운 기능을 요구하는 건물이 생겨날 것이다.

- 새로운 기능의 건축물

클린룸

우주정거장

워터파크

지금까지 기능을 충실하게 또는 새로운 방식으로 수행함으로써 우리에게 좋은 느낌을 주는 건축물들을 살펴보았다. 루이스 설리반은 "형태는 기능을 따른다."라는 말을 하며 기능의 중요성을 강조한 바 있다. 모더니즘의 신조와도 같은 이 말은 건물에서 장식을 걷어내고 기능에 집중하려는 노력으로 이어졌다. 하지만 너무 기능만 강조하다 보니 무미건조한 건물이 급속도로 늘어난 것이 사실이기 때문에 비판에서도 자유로울 수는 없었다.

그래서 예전부터 형태주의 건축가 부류와 기능주의 건축가 부류가 항상 대립하는 모습을 보여 왔었다. 사실 무엇이 더 중요하다고 할 수는 없지만, 너무 한쪽으로 치우친 건물은 절대로 좋은 건축물이 될 수 없다. 좋은 건축물의 10가지 요소에 대하여 이야기하고 있지만 절대 하나만 만족한다고 해서 좋은 건축물이 되는 것이 아닌 만큼 좋은 건축물이 되기 위해서는 다양한 요소를 고려할 필요가 있다.

story 7.
기능에 충실한 건축물

Story 8

변신에 성공한 건축물

08

앞 장에서 건물의 기능에 대하여 알아보면서 건물의 용도에 따라 고유의 기능이 있음을 언급하였다. 하지만 이러한 기능을 시대가 더 이상 요구하지 않는다면 어떡해야 할까? 잘 나가던 공장이 갑자기 회사의 어려움으로 인하여 문을 닫아야 한다면 이 공장은 어떻게 해야 할까? 이와 반대로 시대가 바뀌어 원래 있던 건물에 새로운 기능을 추가로 요구한다면? 이렇듯 건물은 한 번 지어지게 되면 또 다른 요구에 의하여 변화가 필요할 때도, 기능을 상실하게 되어 폐기물 취급을 받을 때도 있다.

이런 경우에 우리가 취할 수 있는 선택에는 두 가지가 있다. 하나는 건물을 완전히 헐어버리고 새로운 건물을 짓는 방법이고, 또 하나는 건축 요소(기둥, 벽, 지붕 등) 중 일부를 수정하거나 추가하여 건물을 개조하는 방법이다. 첫 번째 방식은 너무나도 쉬운 해결책이다. 건물의 수명이 다해 안전성에 문제가 있다면 당연히 부수고 새로 짓는 방식을 택해야 하겠지만, 그렇지 않은 경우라고 한다면 멀쩡한 건물을 완전히 헐어버리고 새로운 건물을 짓는 방법은 결코 좋은 선택이라고 할 수 없다. 조금 다른 맥락이기는 하지만 건축의 대가 르 꼬르뷔지에가 파리 도심의 복잡하고 비위생적인 갖가지 문제를 해결하기 위해 건물 전체를 헐어버리고 새로운 건물로 구성된 도시를 만들겠다는 계획이 큰 비판을 받는 것도 이러한 방식이 최선이 아님을 시사하는 것이다.

따라서 이번 장에서는 기존의 건물을 크게 수정하지 않고도 훌륭하게 변신에 성공한 건축에 대하여 알아보고자 한다. 좋은 건축물을 엄선하는 매체로 유명한 아키데일리(Archidaily)에서 소개한 창의적인 재활용 시설 20선의 건물을 살펴보면 50년 전에 버려진 전망대 타워를 주거 공간으로 탈바꿈시킨 건물, 낡은 교회를 숙박업소로 변경한 건물, 노후화된 기차역을 재활용하여 매장으로 활용한 건물 등 도시 노후화로 인해 방치되거나 버려진 건축물 및 인프라 시설에 새로운 기능을 부여하여 다시 생명을 불어넣은 모습을 볼 수 있다. 우리가 아는 친숙한 건물 중에서도 이렇게 새로운 모습으로 탈바꿈한 훌륭한 건축물이 제법 있다.

첫 번째로 살펴볼 건축물은 파리에 가면 꼭 가봐야 할 장소로 꼽히는 오르세 미술관이다. 파리에서 루브르 박물관, 퐁피두 센터와 함께 3대 문화시설로도 큰 사랑을 받고 있는 오르세 미술관은 사실

오르세 역으로 사용했던 건물이다. 오르세 미술관의 최초 전신은 오르세 궁이라 불리던 최고재판소였다. 하지만 이 건물은 불타서 없어지게 되었고, 이 부지에 1900년 만국박람회를 기념하며 오르세 역이 탄생하게 된다. 수정궁과 에펠탑과 같이 만국박람회를 통해서 탄생하게 된 이 역은 그때 당시 유행하던 철과 유리를 활용하여 지어졌다. 하지만 이 건물 또한 낡은 시설과 시대의 변화에 부응하지 못해 1939년에 문을 닫게 된다. 이렇게 방치되던 낡은 철도역은 시민들과 건축가, 공무원의 오랜 고민 끝에 1986년 오르세 미술관으로 재탄생하여 대중들에게 개방되었다. 오르세 역은 파리 국립미술학교 건축과 교수로 있던 빅토르 랄로가 설계하였는데 화려한 아르누보 양식의 웅장하고 아름다운 외관을 자랑한다. 그리고 철골로 된 아치와 유리로 된 천창이 연출해 내는 내부 또한 아름답게 설계되었다. 비록 기능을 상실하여 40여 년 동안 방치되어 있었지만 오르세 미술관 건축 감독을 맡게 된 이탈리아 건축가 가에 아울렌티는 오르세 역의 아름다움을 거의 유지한 채 미술관에 필요한 공간들을 만들었다. 오르세 미술관에서 가장 사랑받는 공간은 미술관에 들어서는 순간 만나게 되는 대형 홀 공간이다. 이곳은 예전에 철도역이었다는 것을 느낄 수 있을 정도로 기존 건물에 대한 배려가 돋보이는 작품이다. 한쪽에만 덩그러니 기존 철도역을 보존하고 주변은 모두 현대식 건물로 개발되어있는 서울역과는 대조적인 모습으로 우리에게 오르세 미술관이 시사하는 바가 크다.

• 오르세 역의 변신

오르세 미술관 외부

오르세 미술관 내부

story 8.
변신에 성공한 건축물

파리에는 변신에 성공한 또 다른 건물이 있는데 바로 레 독스(Les Docks) 복합문화공간이다. 레 독스는 원래 센 강을 통해서 들어오는 화물을 보관하는 창고 시설이었다. 더 이상 창고로서 기능을 수행하지 못하자 2005년 건물에 새로운 활기를 불어넣고자 공모전을 펼쳤다. 퐁피두 센터 옥상에 있는 레스토랑을 리뉴얼 했던 도미니크 제이콥과 브렌다 맥팔레인의 디자인이 선정되었는데, 다소 삭막한 느낌이던 건물의 골조는 유지하되 현대적이고 세련된 녹색 유리의 조형물을 외형에 설치하고 내부 인테리어를 새롭게 단장하는 방식으로 건물을 완전히 탈바꿈시켰다. 지금은 이곳에 갤러리와 Shop, 레스토랑과 Bar 등이 들어와 있어 파리의 새로운 문화공간으로서 큰 사랑을 받고 있다.

• 창고시설이 문화시설로 변신한 레 독스 복합문화공간

녹색 유리로 새롭게 단장한 레 독스

새롭게 변신한 외부 데크

　프랑스에서 영국으로 넘어 가보면 오르세 미술관이 개관할 시기에 영국의 테이트 재단은 방대한 소장품을 분산하기 위한 두 번째 미술관을 계획하게 되는데 이렇게 탄생한 건축물이 테이트 리버풀이다. 당시 쇠락한 항구 도시인 리버풀에 지어진 것도 놀라운 일이었는데 버려져 있던 화물창고를 개조해서 사용하기로 한 것은 정말 대단한 모험이었다. 영국을 대표하는 건축가인 제임스 스털링의 아이디어였는데 이는 단순히 미술관의 성공을 넘어 도시 전체를 탈바꿈시키는 신호탄이 될 정도로 혁신적인 시도였다. 피폐해진 탄광 도시 빌바오를 세계적인 관광지로 탈바꿈시킨 구겐하임 미술관처럼 테이트 리버풀은 버려져 있던 건물을 개조하여 쇠락하던 도시 리버풀을 문화예술의 거점으로 만든 좋은 건축물이라 하겠다.

story 8.
변신에 성공한 건축물

건물의 변신과 테이트 재단의 또 다른 합작품은 단연 런던에서 가장 사랑받는 미술관인 테이트 모던이다. 런던을 대표하는 건축물인 세인트 폴 대성당과 템스 강을 사이에 두고 마주 보는 장소에 화력발전소가 떡 하니 자리 잡고 있었다. 1947년에 영국을 상징하는 빨간 공중전화 박스 디자인으로 유명한 건축가 자일스 길버트 스코트가 설계한 이 화력발전소는 1981년 제 기능을 멈춘 후부터 방치된 상태였다. 당시 테이트 재단을 이끌던 니콜라스 세로타는 이렇게 방치된 화력발전소의 부지가 최적의 장소임을 확정하고 국제 현상 공모를 진행하였다. 당시 내놓으라 하는 렘 콜하스, 안도 다다오 등 스타 건축가들이 다양한 건축안을 제출하였지만, 최종 선택된 안은 당시 무명이던 자크 헤르조그와 피에르 드 미론의 계획안이었다.

다른 건축가들이 흉물로 전락한 발전소를 허물고 새로운 건물을 구상한 것과는 달리 헤르조그 & 드 미론의 안은 발전소의 원형을 거의 손대지 않은 파격적인 아이디어였다. 화력발전소의 상징인 99m의 높은 굴뚝도 그대로 유지하였고 내부의 거대한 터바인 실도 기계만을 제거한 채 그대로 유지하여 일반 미술관에서는 상상하기 힘든 대형 로비와 전시장을 제공한다. 이 터바인 홀에서는 매년 1명의 현대 예술가가 설치 작품을 선보이게 하고 있는데, 수많은 실험적인 작품들은 기존 터바인실을 그대로 유지하는 계획이 아니었다면 불가능했을 것이다. 이뿐만 아니라 붉은 벽돌로 육중한 모습의 외관은 그대로지만 군데군데 LED 조명을 설치하여 낮과는 전혀 새로운 모습으로 템스 강의 멋진 야경을 선사하기도 한다. 작은 변화로 이렇게 큰 효과를 발휘할 수 있다는 것은 정말 놀라운 일이다.

• 테이트 재단의 노력으로 새롭게 태어난 두 건축물

테이트 리버풀 외부 전경

새로운 기능을 제공하는 테이트 리버풀

테이트 모던 외부 전경

테이트 모던 내부 전시장

다음으로 살펴볼 건축물은 앞에서도 잠깐 소개한 적이 있는 독일 국회의사당이다. 유럽 사회에서 국회의사당은 가장 중요한 건물 중에 하나로서 대개 고전주의 건축의 모습을 하고 있다. 1894년에 건립된 독일 국회의사당 건물도 신전 파사드를 도입하고 육중한 돌로 지어져 무거운 느낌을 가지고 있었다. 세계대전을 거치며 손상을 입기도 하고 여러 차례 복원이 이루어지다가 1999년 노만 포스터가 설계한 돔으로 인하여 건물은 완전히 새로운 느낌으로 탈바꿈하게 된다.

story 8.
변신에 성공한 건축물

국회의사당의 상징은 돔이라고도 할 수 있는데 이러한 돔이 유리로 되어 있는 곳은 어디에서도 찾을 수 없다. 최첨단 기술을 바탕으로 여닫을 수 있게 설계된 유리 돔은 건물의 자연 채광과 환기에 도움을 줄뿐더러 돔 내부의 나선형 램프에서는 국회 회의장을 내려다볼 수 있어 폐쇄적이고 권위적이던 국회의사당을 시민들에게 개방하고 소통하는 장소로 변화시켰다. 거기에다가 베를린 시내 전체를 내려다볼 수 있는 전망대의 역할도 수행하며, 밤에는 유리 돔으로 뿜어져 나오는 내부 조명은 베를린의 야경을 더욱 빛나게 한다.

• 리모델링을 통한 국회의사당의 변신

독일 국회의사당 외부

독일 국회의사당 돔 내부 모습

　다음은 도시의 흉물이 공원으로 변신하여 우리에게 멋진 공간을 선사하는 곳을 살펴보고자 한다. 첫 번째로 살펴볼 장소는 버려져 있던 고가철도를 공원으로 조성하여 뉴욕의 명물이 된 하이라인 공원이다. 과거 뉴욕에서는 사람, 자전거, 마차, 증기차 등이 뒤엉키는 혼란스러운 상황을 해결하고자 엄청난 거금을 투입하여 공중 철도를 계획하게 되는데, 다른 운송방식이 발달함에 따라 철로는 점점 더 이용객이 떨어지게 된다. 결국, 일부는 철거되고 일부만 뉴욕시에 기부된 채로 방치되어 있던 중 철도 주변 시민들의 요구로 철도는 철거 위기에 놓였었다.

　하지만 의식 있는 시민들에 의해서 '하이라인 친구들'이라는 단체가 만들어지고 이들은 파리의 프로머나드 플랑테를 모델로 한 공원을 만들고자 하였다. 예술에 관심이 많았던 블룸버그가 뉴욕 시장으로 당선되면서 이 사업은 거금의 지원을 받게 되고, 2006년부터 2014년까지 9년에 걸친 공사 끝에 공중을 거니는 공원이 탄생하게 된다. '하이라인 친구들'은 고가철도에는 뉴욕의 역사가 담겨 있다고 생각하여 철도를 그대로 보존한 채 구역마다 지역에 맞는 개성을 심어 다채로운 모습의 공원을 조성하였다. 도심 속을 가로지르던 고가철도 위에 지어진 탓에 산책로를 따라 걷다 보면 뉴욕의 다양한 모습을 볼 수 있어 하이라인 공원은 뉴욕의 대표적인 명소로 큰 사랑을 받고 있다.

• 고가철도가 도시를 대표하는 공원으로 변신한 하이라인

고가철로가 끊긴 모습

많은 대중들의 통행로가 된 모습

도심 속의 공원이 된 모습

하이라인과 연계된 휴식공간

우리나라에도 이렇게 버려진 시설물을 공원으로 탈바꿈시킨 좋은 사례가 있는데, 바로 선유도 공원이 그 주인공이다. 합정동과 당산동을 잇는 양화대교의 중간지점에 있는 선유도는 원래 선유봉이라는 작은 섬이었으며, 고려 시대부터 번성했던 양화나루를 거쳐 마포의 잠두봉을 잇는 한강의 절경지였다. 하지만 홍수를 막고자 길을 포장하다 보니 선유도는 훼손되기 시작하였으며, 1978년부터는 선유 정수장이 설립되어 2000년까지 23년 동안 수도를 공급하였다.

서울시 전역의 급수시설이 변경됨에 따라 더 이상 정수장의 기능을 수행하지 못하고 방치되던 시설이 조경가 정영선과 건축가 조성룡의 손을 거쳐 공원으로 변모한 작품으로서 기존 시설 중 주요한 건물과 구조물을 선별하여 재활용한 특징을 가지고 있다. 200여 종의 자생 식물을 관찰할 수 있는 수질 정화원, 녹색 기둥의 정원, 수생 식물원 등의 모습에서 기존 정수 시설의 향수를 느낄 수 있다.

• 정수장이 공원으로 탈바꿈한 선유도 공원

푸른 공원으로 변신한 모습

story 8.
변신에 성공한 건축물

정수장 시설을 그대로 활용한 원형 무대 　　선유도 공원 내 식물원

　세상이 점점 더 빠르게 변화하고 기술이 발전함에 따라 기존에 사용하던 건축물이 더 이상 쓸모가 없어지는 경우가 굉장히 많아졌다. 한때는 성행했던 방직 공장이나 제분 공장, 철도역 등 산업 시대를 대표하던 많은 건축물들이 지금은 그 자취를 감추었다. 앞으로는 세상이 더 빠르게 변할 것이기 때문에 이러한 현상은 더욱더 빠르게 진행될 것이다.

　당장 전기차가 휘발유나 경유 차량을 대신한다면 기존 형태의 주유소는 모두 쓸모가 없어질 것이고, 인구가 줄어들고 사이버 교육이 활성화되면 많은 수의 학교 또한 사라지게 될 것이다. 우리는 앞서 기존의 건물을 잘 활용하여 변신에 성공한 건축물들을 살펴보았듯이 많은 도시가 노후화되고 많은 건축물들이 기능을 상실해 가지만 보기 싫다고 헐어 버릴 것이 아니라 조그마한 변화로 새 생명을 불어넣고자 하는 지혜가 필요할 것이다.

　우리나라도 조금씩 발전해 가고 있지만, 여전히 옛 건물을 보존하는데 뛰어나지 못하다. 근대 역사를 간직하고 있는 구서울역사

옆에 전혀 어울리지 않는 민자 역사가 들어서는 모습을 봐도 그렇고, 도시를 재정비한다는 명목하에 낡은 집들을 모두 헐어 버리고 새로운 뉴타운을 건설하는 모습을 봐도 옛것을 보존하는데 미숙하다는 것을 잘 알 수 있다. 인구 밀도가 높고 워낙 급격한 변화를 겪은 우리나라이기에 어쩌면 당연히 일어날 수밖에 없는 시행착오일지도 모른다. 테이트 모던이나 독일 국회의사당의 돔, 루브르 박물관의 유리 피라미드와 같은 새롭게 변신한 건물이 처음부터 모든 이에게 마음이 드는 것은 아니었다. 우리에게도 선유도 공원과 같은 좋은 선례가 있기 때문에 새로운 시도가 낯설게 느껴질 수 있겠지만 이러한 도전이 옛것을 보존하고 도심을 재생시킬 수 있다는 사실을 인지한다면, 더욱 많은 건축물들이 새로운 생명을 얻을 수 있을 것이다.

story 8.

변신에 성공한 건축물

환경 친화적인 건축물

09

현대 사회에서 환경을 생각하지 않는 산업은 있어서는 안 될 정도로 환경 문제가 심각한 이슈로 대두하고 있다. 매년 전 세계 곳곳에서 이상 기후가 발생하고 남극의 빙하가 계속해서 녹아 간다는 소식을 접하면 더 이상 손 놓고 있을 수만은 없다고 느껴진다. 영화 '인터스텔라'에 나오는 먼지가 자욱한 모습은 먼 미래처럼 느껴졌지만, 어느덧 우리는 미세먼지로 인하여 고통받고 있다. 이러한 환경적 이슈가 건축 분야에서도 예외일 수는 없다. 온실가스 배출량이 산업, 건축물, 교통 순으로 집계될 정도로 건축물이 환경에 미치는 영향은 크다고 할 수 있다. 우리나라에도 녹색 성장이라고 해서 관련법을 개정하고 전 세계의 온실가스 저감 노력에 동참하며 2020년까지 BAU(Business As Usual) 대비 30%라는 도전적인 감축 목표를 설정하였다. 이렇듯 각계각층에서 환경을 개선하기 위하여 많은 노력을 기울이고 있는 실정이다.

• 많은 도시의 환경 문제

대기 오염으로 뿌옇게 변한 도시의 모습

    친환경 건축물이라고 하면 일반인들은 대게 녹색으로 된 건물을 떠올린다. 옥상에 녹지가 조성되어 있다거나 벽면에 담쟁이덩굴처럼 식물이 자라고 있으면 친환경적이라고 생각하는 것이다. 그린 빌딩, 녹색 성장 등이 모두 친환경을 뜻하는 단어이니 그렇게 생각하는 것도 큰 무리는 아니다. 옥상녹화나 벽면녹화도 물론 친환경 건축의 요소 중 하나이긴 하지만 이는 매우 단편적인 것이다. 사실 어떤 산업이든 환경을 생각하고 지속 가능성에 관한 이야기를 할 때는 모두 에너지와 관련이 있다. 건축 분야에서도 마찬가지다. <저탄소·녹색성장 기본법>에 나와 있는 녹색 건축이라는 용어가 에너지 이용 효율 및 신재생 에너지의 사용비율이 높고 온실가스 배출을 최소화하는 건축물로 정의되어 있는 것만 보아도 친환경 건축의 개념이 에너지와 관련되어 있다는 것을 쉽게 알 수 있다. 건물을 남향으로 배치하여 자연 채광이 가능하도록 하면 조명의 사용량이 줄어들기 때문에 친환경 건축이 될 수 있는 것이고, 그 지역에서 생산되는 자재를 사용하는 것도 자재를 운반하는 거리가 짧아 에너지가 적게 소비된다는 점에서 친환경 건축에 해당된다.

하지만 그렇다고 친환경 건축을 너무 에너지에 편중해서 볼 필요는 없다. 전기, 물, 운송 등의 에너지 사용을 줄이는 것도 중요한 일이지만 실내 공기의 질을 개선하고 녹지를 조성하여 이용자에게 삶의 질을 향상하는 것 또한 친환경 건축의 중요한 역할이기 때문이다. 친환경 건축이라고 해서 되게 거창한 것도 아니고 우리 삶의 질을 향상하고, 에너지 사용을 줄일 수 있는 요소가 있다면 친환경 건축물이 될 수 있는 것이다. 이번 장에 소개될 친환경 건축물들을 살펴보면서 일반인들이 친환경 건축을 좀 더 친근하게 받아들이고, 혹시 다음에 건물을 짓게 된다면 친환경 요소를 도입했으면 한다.

• 친환경 건축하면 떠오르는 건축물

벽면 녹화 건축물

　친환경 건축과 지속 가능성이 화두로 떠오르면서 전 세계적으로 이를 권장하는 분위기가 조성되고 있다. 미국, 영국, 프랑스, 호주, 일본 등의 선진국에서는 친환경 건축물에 대한 인증을 시행한 후 등급을 매겨 건물 홍보나 세금 감면 등의 혜택을 주고 있다. 미국의 LEED(Leadership in Energy and Environment Design), 영국의 BREEAM(Building Research Establishment Ltd- Environmental Assessment Method), 프랑스의 HQE(High Quality Environmental standard), 일본의 CASBEE (Comprehensive Assessment for Building Environmental Efficiency) 등이 이러한 친환경 건물의 등급을 평가하는 시스템인데, 평가 기준이 조금씩 다르긴 하지만 전체적인 맥락은 비슷하다고 할 수 있다. 가장 잘 알려진

story 9.
환경 친화적인 건축물

LEED 인증제도의 평가 기준을 살펴보면 대략 어떠한 건물이 친환경 건물인지를 알 수 있으므로 잠깐 짚고 넘어가도록 하자.

LEED는 Leadership in Energy and Environment Design의 약자로서, 지속 가능한 부지 선정(Sustainable Sites), 물 절약 시스템(Water Efficiency), 에너지와 대기환경(Energy and Atmosphere), 건축 재료(Materials and Resources), 실내 환경 품질(Indoor Environmental Quality), 혁신적인 디자인(Innovation and Design) 등 총 6가지 부분을 평가하여 점수를 매기는데 이에 따라 플래티넘(Platinum), 골드(Gold), 실버(Silver), 인증(Certified) 등급으로 나뉜다.

평가 항목을 좀 더 세부적으로 살펴보면 대지 위치와 관련해서는 자가용 사용을 억제하기 위한 대중교통수단의 접근성, 자전거 주차시설 등을 평가하고, 기존 부지의 환경을 얼마나 훼손하는지와 햇빛, 바람, 빗물 등을 얼마나 고려했는지를 평가한다. 물 사용의 효율화 측면에서는 화장실, 조경 등에 사용되는 물의 양을 감소시키는 방안을 평가하는데, LEED 인증을 받은 건물들은 대개 일반 건물에 비하여 물 사용량이 50% 정도 절약된다고 한다. 에너지와 대기 환경과 관련해서는 에너지의 생산과 소비에 관하여 평가하게 되는데, 태양열, 지열 등 신재생 에너지를 활용하는 방안과 냉난방 에너지를 줄이기 위한 단열 계획, LED 조명과 같은 효율이 높은 기기의 사용 등이 평가 항목에 해당한다. 재료와 자원 분야에서는 재활용하거나 주변 지역에서 생산되는 자재의 활용도나 폐기물 처리 방안을 평가하여 건축물을 짓는 데 사용되는 자재나 자원의

낭비를 막고 있으며, 실내 환경 측면에서는 실내 공기의 질, 온열 쾌적감, 조명 조도 등을 평가하여 건물 이용자의 쾌적성을 고려하고 있다.

사실 친환경 건축이 특수한 장치를 꼭 설치해야 한다거나 독특한 디자인을 해야 한다는 것은 아니다. 대지에 잘 순응하고 자연채광과 바람이 잘 통하게만 해도 친환경 건축이 될 수 있는 것이다. 배산임수의 지리적 위치에 그 지역에서 나오는 목재와 기와를 사용하여 만든 우리나라의 한옥 또한 대표적인 친환경 건축물이라고 할 수 있다. 하지만 이번 장에서는 친환경 인증을 받은 건축물 위주로 소개할 예정이어서, 하이테크 기술이 가미된 최신식 건물이 많긴 하다. 결코, 여기에 소개된 건축물만이 친환경 건축물이 아님을 다시 한 번 강조하며, 객관적 수치에 의해 평가되는 친환경 건축물을 소개하려고 하다 보니 친환경 인증을 받은 건물 위주로 되어 있는 점 너그러운 양해를 바란다.

첫 번째로 만나 볼 건축물은 노먼 포스터가 설계한 런던 시청이다. 독일 국회의사당 돔, 빌바오 지하철 역사, 홍콩 상하이 은행 등을 설계한 독일의 대표적인 건축가 노먼 포스터는 유리를 즐겨 사용하고 하이테크 기술을 디자인에 적극적으로 반영하는 특징을 가지고 있다. 유리는 자연 채광을 위하여 즐겨 사용하며, 유리 커튼월을 통하여 들어오는 빛 때문에 실내 온도가 급격히 상승하는 것을 방지하기 위하여 센서와 자동 개폐 시스템을 장착하는 등 발전된 기술을 적극적으로 도입하여 유리의 단점을 극복하고 있다. 이러한 친환경적 접근 방식은 런던 시청에도 그대로 적용되었는데, 유리 달걀(The Glass Egg)이라는 별명처럼 런던 시청은 유리 커튼월로 외부를 구성하고 있으며, 직사광선으로부터 노출되는 면을 최소화하기 위하여 구형의 형태로 남쪽으로 기울어진 모습을 하고 있다. 유리에는 첨단 센서와 패널이 부착되어 자동으로 빛과 환기량을 조절하고 있다. 그리고 런던 시청에는 별도의 냉각장치가 없고, 모든 사무실에서 창문을 열어 자연 환기를 시킬 수 있도록 하였으며, 컴퓨터와 전구에서 발생하는 열을 에너지원으로 재활용하고 있다. 에너지 효율이 비슷한 규모의 건물과 비교했을 때 1/4 정도밖에 되지 않는다고 하니 얼마나 환경을 위한 건물인지 잘 알 수 있을 것이다.

• 노먼 포스터의 런던 시청

달걀처럼 생긴 런던 시청의 외형

자연채광이 이루어지는 내부 모습

다음으로 소개할 건축물은 영국 맨체스터에 있는 Co-Operate Group의 본사 건물인 원 엔절 스퀘어(One Angel Square)이다. 런던 시청만큼이나 독특한 삼각형 형태를 취하고 있는 이 건축물은 영국의 인증 제도인 BREEAM의 최고 등급 Outstanding을 받을 만큼 영국의 대표적인 친환경 건축물로 이름을 알리고 있다. 지속가능성을 회사의 방침으로 내세울 만큼 환경에 대한 고려를 많이 하는 Co-Operate Group의 본사(Headquarter)로서 이 건축물은 CO_2 방출량을 80% 줄이고, 에너지 소비량이 이전의 본사 건물보다 50% 가량 줄어들 정도로 환경친화적이다. 이 건물의 특징은 삼각형의 세 면이 모두 열손실을 획기적으로 막아주는 더블 스킨 파사드로 되어 있고, 여기에 계절에 따라 자연광 유입량을 조절할 수 있는 루버를 설치하여 냉난방 비용을 줄여 주고 있다는 것과 중앙에 전 층을 관통하는 아트리움 공간을 두어 자연 채광 및 환기를 유도한다는 것이다. 휘어진 파사드로 자연스럽게 생겨난 발코니나 아트리움의 오픈된 공간은 단순히 에너지 측면뿐만 아니라 사용자의 삶의 질을 향상한다는 점에서도 큰 의의가 있다.

• 원 앤젤 스퀘어

외부 모습

내부 모습

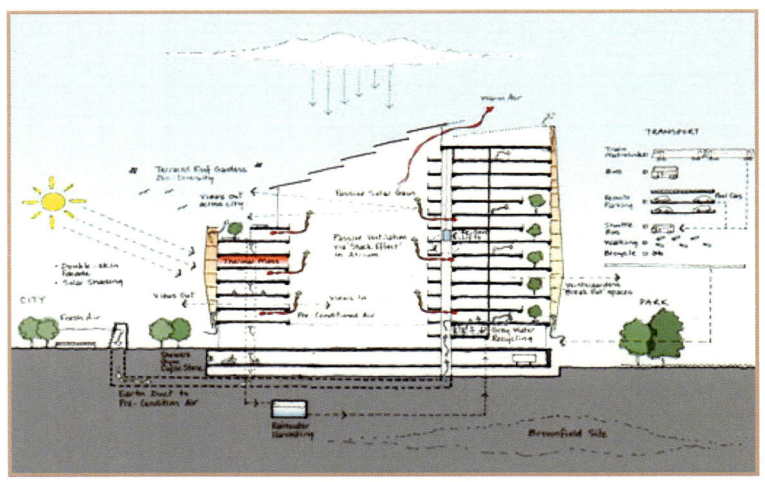

친환경 도식도

다음으로 살펴볼 건축물은 현존하는 친환경적 공법을 모두 적용했다고 평가받는 뉴욕의 원 브라이언트 파크(One Bryant Park) 건물이다. 다들 알다시피 뉴욕에는 고층 빌딩이 엄청나게 밀집되어 있으므로 건물에서 발생하는 이산화탄소의 양이 어마어마하다. 미국의 모든 공장과 자동차에서 발생하는 양과 맞먹는다고 하니 그 양이 엄청나다는 것을 알 수 있다. 이러한 가운데 재료의 선정에서부터 건물의 형태, 공기정화, 물 처리 시스템까지 세세하게 친환경 공법을 도입한 뱅크 오브 아메리카(Bank Of America)의 사옥인 원 브라이언트 파크 빌딩은 가히 혁신적이라고 할 수 있다. 비가 많이 내리는 뉴욕의 빗물을 활용하여 조경이나 화장실에 사용하는 방식이나 열병합 시스템을 도입하여 전력의 2/3를 자체 생산할 수 있는 등의 방안은 타 친환경 건축에서도 흔히 사용하는 것이지만, 이 건물은 상부에 설치된 필터를 통하여 뉴욕의 탁한 공기를 95%까지 정화한 후 실내로 유입하게 되어 건물 이용자에게 깨끗한 공기를 제공한다는 것이 특이한 점이다. 이렇게 정화된 공기가 다시 외부로 배출되기 때문에 이 건물 자체가 하나의 공기 청정기인 셈이다. 이 건물은 미디어에 자주 언급되면서 뱅크 오브 아메리카의 이미지 개선에도 큰 영향을 미쳐 에너지 절약을 통한 비용 절감뿐만 아니라 홍보 효과도 톡톡히 보고 있다.

석유 산유국이 즐비한 중동에서는 초고층 및 친환경 건축 붐이 일고 있다. 경제 발전을 위하여 인프라시설의 구축은 물론이거니와 초고층 빌딩을 앞다퉈 건설하고 있으며, 건축물에 친환경 요소도 적극적으로 도입하여 국력을 과시하고 있다. 대표적인 나라로 사우디아라비아, 아랍에미리트(UAE), 바레인, 카타르 등을 들 수 있다. 이번에 소개할 건축물도 중동에 위치한 아랍에미리트 두바이의 다이내믹 타워(Dynamic Tower)와 바레인의 월드 트레이드 센터(Bahrain World Trade Center)이다. 아랍에미리트의 두바이와 아부다비는 미디어를 통해서도 많이 소개되었고, 다양한 건축물과 인프라 시설에 우리나라 건설사와 CM 회사가 참여하기도 해서 가 보지는 않았지만 친숙하게 다가온다. 특히나 두바이는 해변과 사막이 공존하는 주변 환경과 세계 최고 높이를 자랑하는 부르즈 할리파를 비롯하여 많은 초고층 빌딩이 어우러져 신기루 같은 도시의 모습으로 우리에게 잘 알려져 있다.

두바이는 가히 초고층 건물의 향연장이라 해도 과언이 아니다. 앞서 언급한 부르즈 할리파뿐만 아니라 부르즈 알 아랍, 더 마리나 토치, 프린세스 타워 등 다양한 초고층 건물이 즐비해 있다. 여기에다 2020년에 있을 두바이 엑스포가 개최하기 전에 부르즈 할리파보다 더 높은 건물인 더 타워(The Tower)가 지어질 예정이다. 이러한 건물들 사이에서도 유독 화제가 되는 건물이 바로 다이내믹 타워다. 이 건물은 이름에 걸맞게 매 층이 360도 회전을 하도록 설계가 되어 형태가 변화하는 역동적인 모습을 연출해 낸다. 건물을 움직이게 하려면 에너지가 많이 소모될 것 같지만, 이 건물에는 층과 층 사이에 풍력 터빈을 설치하여 오히려 건물이 움직일 때마다 전력을 생산해 낸다. 이렇게 생산된 전력은 이 건물에서 사용하게 되고, 남은 전력을 다른 건물에까지 나누어 준다. 그뿐만 아니라 이 건물은 중심부 코어를 먼저 설치한 다음 공장에서 생산한 건물 조각을 끼워 맞추는 형식으로 건설하여 현장 인력이 비슷한 규모의 건설 현장보다 급격하게 줄일 수 있으며(2,000명 → 90명), 공사 기간도 30개월에서 18개월로 획기적으로 단축 시킬 수 있다고 한다. 이런 식으로 약 23%의 비용이 절감된다고 하니, 건물을 짓는데 드는 비용이 줄고, 에너지를 자체 생산함으로써 에너지를 절약하며, 입주자에게 변화하는 뷰를 제공하여 삶의 질을 높여 주는 다이내믹 타워는 아직 지어지진 않았지만, 계획만으로도 가히 훌륭한 친환경 건축물이라 할 수 있다.

• 신기루 같은 도시 두바이와 이에 걸맞는 다이내믹 타워 계획도

두바이 전경

story 9.
환경 친화적인 건축물

다이내믹 타워 컨셉

바레인에도 풍력 발전으로 건물에 사용되는 에너지를 자체 생산하는 건물이 있는데 바로 바레인 월드 트레이드 센터이다. 날카로운 뿔 모양의 독특한 형태만큼이나 눈에 띄는 것이 두 고층 빌딩 사이에 있는 3개의 윈드 터빈(Wind Turbine)이다. 바다 근처에 지어진 이 건물은 육지와 바다의 비열 차이에 의해 발생하는 페르시아만의 강력한 바람이 두 고층 빌딩 사이를 통과하면서 더욱더 빨라지는 특징을 활용하여 전기를 생산하게 된다.

이렇게 생산된 전기는 건물 전체 전력 수요의 11~15%를 충당한다. 앞서 건물이 움직이면 에너지가 많이 소비된다고 생각하듯이 윈드 터빈을 설치하면 비용이 많이 들 것이라 예상하기 쉽지만, 이 건물에서는 전체 공사비의 3.5% 정도만 들었다고 하니 발전 효율 면에서 성공했다는 평가를 받을 만하다. 이 외에도 풍력 발전으로 전기를 생산하여 에너지 절약에 앞장서고 있는 건축물은 텍사스 헤스

타워(Hess Tower), 중국 광저우의 펄 리버 타워(Pearl River Tower), 런던의 스트라타(Strata) SE1 등이 있으니 관심이 있는 사람들은 따로 찾아보는 것도 괜찮을 듯하다. 풍력 발전을 건물에 적용할 경우 소음 문제에서 자유롭지 못하지만, 바람이 많이 부는 지역의 특성을 활용하여 건물에 도입하는 도전적인 자세는 본보기가 되기에 충분하다. 태양열이나 태양광을 이용하는 발전 방식과 지열을 이용하는 방법도 친환경 건축물에 적극적으로 도입되고 있는데, 자체 전력 생산을 통하여 에너지를 절약한다는 개념이 같으므로 여기서는 더 이상 다루지 않겠다.

• 풍력 발전을 도입한 건축물

바레인 월드 트레이드 센터

펄리버 타워

스트라타 SE

세계는 이처럼 앞다투어 친환경 요소를 건축물 설계에 반영하며 환경 개선에 열을 올리고 있는데 우리나라의 실정은 어떠한지 살펴보자. 사실 우리나라도 환경을 위한 국가적인 정책과 지원을 아끼지 않고 있다. 2010년 저탄소 녹색 성장 기본법을 제정하여 2013년 2월부터는 부동산 매매나 임대차 거래 시 건축물 에너지 효율등급 평가서를 확인할 수 있도록 하고 있으며, 인천 송도에 녹색기후기금(GCF, Green Climate Fund) 사무국을 유치하는 등 활발한 노력을 기울이고 있다. 건축물 인증제도 또한 활성화되어 국제적으로 환경친화적 이미지를 강조하기 위하여 미국의 LEED 인증을 받는 건물도 있으며, 국내 친환경 인증을 받은 건물도 많이 생겨나고 있다.

우리나라의 대표적인 친환경 건축물로는 서울시청 신청사와 SK Chemicals 연구소를 들 수 있다. 독특한 형태로 논란이 많았던 서울시청 신청사는 지방자치단체 청사 가운데 유일하게 1등급을 받은 친환경 건물이다. 건물에 들어서면 가장 눈에 띄는 것이 7층 높이의 거대한 수직 정원이다. 다양한 종류의 식물로 구성된 이 정원은 실내 유해물질을 제거해 주고 공기를 정화하는 등 건물 이용자에게 쾌적한 환경을 제공해 준다. 그리고 건물의 상부가 툭 튀어나와 있는 형태는 한옥의 처마를 형상화한 것으로 여름에는 태양열을 차단하고 겨울에는 충분한 일조량을 확보하는 기능을 한다.

판교에 위치한 SK Chemicals 연구소는 건물 안에서도 자연을 느낄 수 있게 옥상 정원, 벽면 녹화 등을 적용하였고, 로비에 설치된 벽을 타고 흐르는 물은 여름에는 냉방을, 겨울에는 가습의 효과가 있어 실내를 쾌적하게 해 준다. 그리고 커튼월에 삼중 유리를 사용하여 열효율을 높이고 있으며, 지열, 태양광 발전을 통하여 전력을 생산하기도 한다. 이렇게 에너지를 생산하고 절약하는 시스템을 통하여 기존 업무시설보다 45%까지 에너지를 절감할 수 있다고 하니 LEED 인증의 최고 등급인 Platinum을 받을 만한 좋은 건축물이다. 두 건물 다 에너지 절약 측면에서도 우수한 건축물이지만 사용자의 편의와 쾌적성을 우선적으로 고려한 점은 직장인으로서 부러움의 대상이다.

• 서울 시청 신청사

시청 광장에서 본 서울 시청 신청사 외부 모습

story 9.
환경 친화적인 건축물

벽면 녹화를 건물 내부에 도입한 모습

앞서 많은 친환경 건축물을 살펴봤는데, 대부분의 건물 외장 재료가 유리임을 알 수 있다. 우리가 흔히 알기를 유리로 된 건물은 열전도율이 높아 여름에는 쉽게 더워지고 겨울에는 쉽게 추워지는 환경적으로 좋지 않은 특성을 가지고 있다. 사실 콘크리트 벽체나 외단열로 처리 된 벽체에 비하여 열효율이 떨어지는 것이 사실이며, 일부 건축가들은 남향으로 유리 커튼월을 사용하는 것을 지양하기도 한다. 하지만 여기에 소개된 친환경 건축물의 유리들은 유리 표면에 특수 물질로 처리한 Low-e 유리나 삼중창 구조로 되어 있어 유리의 열전도율이 낮고, 유리의 각도에 변화를 주어 유리 표면이 태양 빛을 받는 면적을 최소화하는 등의 방법으로 냉난방 에너지를 절약하고 있다. 유리가 가진 단점을 기술의 발달로 보완한다고 하면, 자연채광을 할 수 있고, 내 외부의 풍경을 감상할 수 있다는 점에서 유리는 친환경 건축의 훌륭한 재료이다.

지금까지 친환경 건축물을 살펴보았는데, 최근에 지어진 건물을 주로 소개하다 보니 친환경 건축물이라 하면 풍력발전과 같이 거대한 윈드터빈을 설치해야 할 것 같고, 삼중창이니, 대형 필터 같은 시스템을 사용해야 할 것 같지만 절대 그런 것만이 친환경 건축물은 아니다. 프리츠커상 수상자이기도 한 일본의 건축가 반 시게루는 종이로 만든 건물을 지어 공사비 측면이나 재료의 재활용 측면에서 아주 우수한 친환경 건축물 사례를 선보이기도 했다. 그리고 단순히 건축물은 향을 잘 고려하여 햇볕이 잘 들게 하고, 단열을 잘하는 것만으로도 충분히 환경친화적인 건축물이 될 수 있다. 친환경 인증을 모든 건물이 다

받을 필요는 없으며, 큰 비용이 들지 않는 범위 내에서 좀 더 환경을 생각하는 설계를 해 나간다면 분명 지금보다 훨씬 나은 세상이 될 것이다. 특히나 자체 생산되는 에너지로 건물에 사용되는 에너지를 모두 해결하는 개념인 제로에너지 하우스나 의식 있는 건축가들의 환경을 위한 노력이 조금씩 빛을 발하고 있다고 하니 앞으로 변화될 세상이 기대된다.

· 친환경 건축물

제로에너지 하우스

패시브 하우스

종이 성당

로그 하우스

Story 10

대중들에게 활짝 열려 있는 건축물

10

　지금까지 정말 많은 건축물을 살펴보았다. 각각의 특색을 가지고 있는 좋은 건축물 대부분이 지금은 관광지로서 대중들에게 개방되어 있다. 낙수장, 빌라 사보아, 빌라 로톤다 등 지어질 당시에는 개인의 저택이나 별장으로 지어졌던 건축물도 지금은 박물관의 형태로 일반인들에게 개방된 경우가 많다. 하지만 이런 관광지가 된 건축물들은 큰마음 먹고 날짜를 잡아서 방문해야 한다는 점에서 대중들에게 친근감 있게 다가오지 않는다. 장식이 화려한 성당이나 교회건축물도, 위용을 과시하는 고층 건물도, 박물관 같은 건물도 규모나 재료가 주는 위압감 때문에 일반인들이 선뜻 들어가기가 머뭇거려진다. 물론 건물을 관리하는 입장에서는 아무나 들어와서 건물을 이용하는 것이 유지 관리 측면에서 좋지 않기 때문에 달갑지 않을 수 있다. 하지만 일부 소수 사람들만 이용할 수 있는 건물이라고 한다면 아무리 훌륭한 건축물이라 할지라도 사회적 기여 측면에서 반쪽짜리 건물에 지나지 않는다.

따라서 마지막 장에서 다룰 좋은 건축은 대중에게 활짝 열려 있는 건물과 공간이다. 현대사회가 점점 더 개인주의 성향이 짙어지면서 프라이버시가 굉장히 중요해졌다. 개인이 사는 주거 공간은 담을 쌓으며 방범설비를 강화하고, 고급 아파트 주거 단지는 외부인의 출입을 통제하고 있는 실정이다. 우리나라의 많은 오피스 건물이 1층은 공공장소로서 일반인들의 출입을 허용해야 하지만 회사보안 때문에 경비원을 두고 함부로 들어갈 수 없게 해 놓았다. 그리고 대지 일부는 공개공지로 조성하여 일반인들에게 개방해야 하지만 옹졸하게 공간을 구성하여 누구를 위한 공간인지 알 수 없어서 버려진 공간도 많이 있다. 주거시설이나 오피스 건물의 성격상 보안이 중요하므로 폐쇄적인 모습은 충분히 이해할 수 있지만, 우리 주변에서 흔히 볼 수 있는 건물들이다 보니 좀 더 소통하려는 모습을 보여줄 수는 없나 하는 아쉬움이 남는다.

대중에게 활짝 열려 있다는 말은 건축물의 중요한 역할 중의 하나인 사회적 기능을 충실히 수행한다는 뜻이다. 2016년 프리츠커상 수상에 빛나는 건축가 아라베나의 건축 철학은 커뮤니티를 과정에 참여시키는 것으로 건물을 짓는 과정에서 사람들의 참여를 독려하였다. 대표적인 프로젝트가 칠레 이키케 시에 건설된 엘리멘탈(Elemental) 프로젝트와

멕시코에 있는 몬테레이 하우징(Monterrery Housing)이다. 급격히 도시화가 진행되는 과정에 집이 없는 가난한 사람들에게 값싼 집을 제공한 이 프로젝트는 우선 당장 살 수 있을 정도의 면적으로 반만 집을 완성한 후 나머지 반은 빈 영역으로 남겨 두어 다음에 증축할 수 있도록 하였다. 2004년에 지어진 칠레 이키케 시의 프로젝트는 대부분의 반이 채워졌을 정도로 효과 만점이었다. 공동체의 참여를 끌어낸 점은 사실이지만, 자신의 집을 스스로 꾸몄다고 해서 이 건물이 대중들에게 열려 있다고 할 수는 없다. 하지만 적어도 이곳에 사는 주민들에게 정부와 건축가가 적극적으로 소통하여 스스로 참여할 수 있는 집을 제공해 줬다는 측면에서는 분명 좋은 본보기가 되는 프로젝트다.

뉴욕의 시그램 빌딩은 앞서 소개한 적이 있는데, 건물을 도로변 뒤쪽으로 배치하면서 광장을 조성하여 큰 반향을 불러일으켰었다. 물론 광장만 덩그러니 있고 주변으로 고층건물이 둘러싸고 있으니 위압감 때문에 이용자가 많지 않다고 하지만 이 건물이 대지 일부를 대중에게 제공했다는 점에서 우리에게 시사하는 바가 분명 있다.

우리나라에도 이와 유사한 방식을 취하며 나름대로 대중들과 소통하고 대중들에게 열려 있는 오피스 건물이 있는데, 바로 강남 교보타워 빌딩이다. 전 세계에 강남역 근처만큼 유동 인구가 많은 곳도 별로 없을 것이다. 강남역과 신논현역으로 이어지는 대로변에 있는 건물들은 대부분이 인도에 거의 붙어 있으면서 저층부에 카페,

음식점, 가게 등의 상업시설을 배치하여 사람들을 실내로 유입하려고 하고 있다. 금요일 밤에 이 길은 발 디딜 틈이 없을 정도로 사람이 많은데, 잠시 머무를 수 있는 공간이 실내가 아니면 찾기 힘든 것이 사실이다. 이 길의 끝에 있다는 것이 조금 아쉽긴 하지만 교보타워는 인도에서 사람들을 끌어들이기 위한 장치로서 전면부에 필로티 구조를 취하고 있다. 시그램 빌딩과는 조금 다른 모습이기는 하지만 필로티 구조로 광장을 조성하여 대중들에게 개방된 것이다. 그곳에는 계단에 걸터앉아 쉬는 사람, 교보문고에서 내놓은 가판대의 책을 구경하는 사람, 친구를 기다리는 사람들이 한데 어우러져 강남에서 보기 드문 장면을 연출한다.

• 대중에게 개방된 오피스 외부 공간

시그램 빌딩 앞 광장 　　　　　강남 교보타워 사옥 필로티

교보타워는 교보생명의 사옥으로서 벽돌을 사랑하는 건축가 마리오 보타가 설계한 건물이다. 흔히 볼 수 없는 고층 벽돌 건물에 정면부로 창을 많이 내지 않아 폐쇄적인 모습에 위압감을 준다는 평가도

받는 건물이지만 이용자들의 눈높이에서는 필로티로 구성된 입구가 보이므로 대중들과 소통한다는 느낌을 준다.

이러한 모습은 건물 내부에까지 이어져 일반인들에게 개방된 1층 로비에는 커다란 아트리움에 유리 천창을 통하여 유입되는 빛으로 밝고 은은한 분위기를 조성하고 있고, 크리스마스트리나 장식을 활용하여 대중들을 유혹하며, 이 건물의 이용을 독려하고 있다. 이렇듯 다른 오피스 건물과는 다르게 적극적으로 대중들과 소통하려는 강남 교보타워는 좋은 건축물이다.

• 대중에게 개방된 강남교보타워 로비

일반인들로 붐비는 모습

크리스마스트리로 장식된 모습

개인 소유의 건물은 아무래도 보안과 유지보수 측면에서 대중들에게 개방적인 모습을 취하기가 쉽지 않다. 그렇다면 개인 소유가 아닌 공공 건축물은 어떤지 살펴보자. 그 나라의 문화 수준을 알고 싶으면 박물관, 미술관, 오페라하우스 등의 건물을 보면 될 정도로 각 나라에는 대표하는 문화시설이 있다. 시드니 오페라 하우스, 파리 오르세 미술관과 루브르 박물관, 뉴욕의 구겐하임 미술관 등이 이에 해당한다. 이런 문화시설은 전시회나 공연이 열리는 공간으로 문화생활이 가능한 사람들에게 한정적으로 열려 있는 경우가 많다. 물론 문화시설 외부는 모두에게 열려 있으므로 때로는 문화시설 내부보다 외부가 더 인기가 많은 시드니 오페라 하우스와 파리의 퐁피두 센터 같은 곳도 있긴 하다.

우리나라에도 예술의 전당 외부에서 펼쳐지는 음악 분수 쇼는 많은 대중들을 끌어들이고 있긴 하지만 여전히 일반인들에게 문화시설의 문턱은 다소 높아 보인다. 중후한 느낌의 외관과 규모로 왠지 정장을 갖춰 입어야만 들어갈 수 있을 것 같고, 일반인들에게는 그다지 친근하게 다가오지 않는 것이다.

하지만 영국에 있는 테이트 모던 미술관은 이야기가 좀 다르다. 영국인이 가장 사랑하는 미술관 중 하나인 테이트 모던은 화력발전소를 개조해 만들었기 때문에 미술관치고는 면적이 굉장히 넓다. 특히나 화력발전소의 거대한 터빈홀을 장비만 제거한 채 그대로 활용하여 만든 강연장은 강연이 있을 때는 경사진 바닥에 사람들이 서슴없이 앉아서 강연을 듣고, 강연이 없을 때는 휴식공간이 되어 일반인들이 편하게 와서 쉴 수 있다. 이곳에는 소풍 나온 아이들, 전시를 보러 온 사람들, 지나가다 잠시 쉬러 온 행인들이 뒤섞여 너나 할 것 없이 이 공간을 즐기고 있는 모습이 장관을 이룬다. 단순히 대중들에게 쉴 공간을 제공할 뿐만 아니라 테이트 모던은 입장료를 굉장히 저렴하게 받아 많은 사람들이 문화생활을 즐길 수 있도록 적극적으로 지원하기도 한다. 미술관의 문턱이 높아 쉽게 다가갈 수 없는 우리에게 테이트 모던은 큰 본보기가 된다. 앞 장에서 화력발전소의 원형을 잘 활용하여 새로운 변신에 성공한 건축물로 소개하기도 했던 테이트 모던은 대중들과 적극적으로 소통한다는 측면에서도 정말 훌륭한 건축물이다.

• 대중에게 활짝 열려 있는 테이트 모던 미술관

다양한 전시가 이루어지는 공간

대중들이 자유롭게 드나들 수 있는 전시장

런던의 또 다른 명소를 찾아가 보자. 런던에서 사람들이 가장 많이 찾는 공원은 하이드 파크이다. 400년의 역사를 자랑하는 이 공원은 140만 제곱미터로 규모가 어마어마하다. 공원이 대중들에게 활짝 열려 있는 것이야 당연하겠지만, 이곳에는 독특한 장소가 있다. 하나는 다이애나 추모 분수이고, 다른 하나는 매주 주말과 공휴일에 마련되는 스피커스 코너(Speakers' Corner)다.

추모 분수라는 말도 낯설지만, 일반인들이 서슴없이 발을 담그고 즐길 수 있는 추모 공간이라는 것이 우리나라 정서에는 매우 어색하다. 추모라고 하면 기념비를 세워야 할 것 같고 엄숙한 분위기를 연출해야 할 것 같기 때문이다. 하지만 다이애나 추모 분수를 설계한 조경 건축가 닐 포터의 생각은 달랐다. 살아생전에 굶주리고 고통받는 어린이들을 헌신적으로 도우면서 살았던 그녀의 모습을 반영하여 어린이들이 즐겁게 뛰어놀 수 있는 분수 시설을 설계한 것이다. 이곳을 방문한 엘리자베스 여왕과 왕실에서도 처음 이곳을 방문했을 때는 당혹스러웠다고는 하나 곧 설계자의 의도를 알아채 즐거운 마음으로 어린이들의 뛰어노는 모습을 감상했다고 한다.

또 다른 방식으로 대중들을 끌어들이는 장소는 스피커스 코너다. 매주 주말과 공휴일에 강단을 마련하여 누구나 자유롭게 자기 생각을 말할 수 있는 공간을 만들어 놓은 것이다. 우리나라에 이런 공간을 만들어 놓는다고 해서 '사람들이 올라가 이야기를 할까?'라는 의문이 들기도 하지만 다양한 방식으로 대중들에게 다가가려는 노력은 본받아야 할 점이다.

story 10.

대중들에게 활짝 열려 있는 건축물

• 대중들이 서슴없이 다가가는 추모 분수

런던 하이드 파크 내 다이애나 추모 분수

아이들이 뛰어 노는 다이애나 추모 분수

우리나라에도 이런 공간이 없는 것은 아니다. 공원은 아니지만, 공원보다 더 많은 사람들이 이용하는 시설물에서 대중들과 소통하는 곳이 있다. 대도시 사람들에게 지하철역만큼 자주 이용하는 공공시설물이 있을까? 출퇴근하면서 엄청난 사람들이 이용하고 주말에도 어디를 가기 위해 가장 많이 이용되는 곳이 지하철역이다.

간간이 지하철역에서 소규모 공연이나 전시, 특산품 판매와 같은 이벤트가 일어나는 것을 볼 수 있었지만, 이곳처럼 적극적으로 일반인들에게 열려 있는 지하철역은 본 적이 없다. 그곳은 바로 인천시청역이다. 인천시청역은 댄스 연습장이라 칭해도 좋을 만큼 많은 학생들이 자유롭게 춤을 연습하는 곳이다. 시끄러운 음악소리가 때로는 행인들의 인상을 찌푸리게 하지만 이곳은 항상 학생들의 댄스 열정이 넘쳐나는 장소이다. 특별한 장치가 있는 것은 아니다. 무대 같은 공간에 전면 거울을 설치해 주고, 높은 층고가 치어리딩이나 춤을 연습할 수 있는 최적의 공간을 만들어 준 것이다. 그냥 놓아두었다면 그저 지하철 이용자가 지나가는 공간이었겠지만 몇 가지 장치만으로 딱히 즐길 만한 곳이 없는 청소년들이 스트레스도 풀고 자신의 꿈을 실현해 나갈 수 있는 공간이 되었다. 우리나라에 무수히 많은 지하철역이 있다. 모든 지하철역이 이렇게 되어야 한다는 것은 아니지만, 일반인들이 매일 같이 이용하는 지하철역이 어떤 방식으로든지 대중들과 소통하려고 한다면 좋은 공간이 많이 만들어질 수 있을 것이다.

story 10.
대중들에게 활짝 열려 있는 건축물

• 학생들의 새로운 놀이터 인천시청 지하철역

무대가 설치 되어 있는 인천시청 지하철역

학생들이 춤을 연습하는 모습

일반인들이 일상에서 가장 많이 이용하는 또 다른 장소 중 하나는 시장이다. 물건을 사고파는 시장은 사람들의 일상생활을 볼 수 있다는 점에서 여행할 때 꼭 찾게 되는 장소이다. 자동차의 대량 보급에 따라 대형마트가 전통 시장을 빠르게 잠식해가고 있지만, 시장이 주는 따뜻한 정감과 아늑함은 여전히 사람들의 발걸음을 시장으로 향하게 한다. 이는 물론 사람과 사람이 대면하면서 느껴지는 감정이기도 하지만 휴먼 스케일의 건축 요소들로 인한 공간감이 한몫하기도 한다.

• 세계 곳곳의 시장 모습

건물 내부에 형성된 시장 모습

실외에 형성된 시장의 모습

　시장이라고 할 수는 없지만, 한국을 찾은 많은 관광객들이 한국적인 느낌의 기념품을 사기 위해서 가는 곳이 서울의 인사동길이다. 서울은 전통적인 건물과 현대적인 건물이 공존하여 어우러진 모습이 특징적인 도시인데 특히 종로는 그런 모습을 볼 수 있는 대표적 장소이다. 대로변에는 고층빌딩들이 즐비해 있지만 한 블록만 뒤로 가면 낮은 건물들이 골목골목 이어져 있다. 인사동도 건물들의 모습이 현대식으로 바뀌긴 했지만 낮은 건물의 카페와 갤러리, 상점 건물들로 이루어져 있어 옛 느낌이 잘 보존되어 있다.

　여기 인사동에서도 대중들의 가장 많은 사랑을 받는 건축물이 쌈지길이다. 이름에서 느껴지겠지만, 이 건물은 건물이라고 하기보다는 길에 가깝다. 평지에 길과 건물이 배치된 것을 경사로를 통해 수직적으로 구축해 낸 것이다. 낮은 경사의 램프 길을 따라 걷다 보면 시장길을 걷는 것처럼 다양하고 아기자기한 가게들과 마주치게 된다. 인사동 길에서 쌈지길 건물을 바라보면 거대한 건물이 서 있는 것 같지만, 안으로 들어와 보면 확 트인 오픈 공간과 램프를 따라

story 10.
대중들에게 활짝 열려 있는 건축물

배치된 아기자기한 가게들의 모습에 굉장히 신선한 느낌을 받게 된다. 여기 있는 경사로는 평지의 길에서는 경험할 수 없는 수평, 수직으로 마주치는 다양한 시선들로 즐거움을 선사하기도 한다. 많은 관광객들이 찾는 인사동에서도 유독 많은 사람들을 끌어들여 즐거움을 선사하는 쌈지길은 분명히 좋은 건축물이다.

• 길거리 시장을 건물로 승화한 쌈지길

다른 건물과 크게 다르지 않은 쌈지길 외부 모습

램프를 따라 상점이 배치되어 있는 쌈지길 내부 모습

　마지막으로 소개하고 싶은 건물은 서울 삼성동에 위치한 봉은사이다. 우리나라에는 많은 교회와 성당, 절이 있다. 종교가 있는 사람들에게는 조금 다른 이야기이겠지만 종교가 없는 사람에게 가장 편안하게 다가갈 수 있는 곳은 아무래도 절이다. 다소 위압감을 주는 교회, 성당과는 달리 자연을 벗 삼아 존재하는 절은 자연스럽게 사람들의 발걸음을 유입한다. 하지만 도심 속에서 흔히 볼 수 있는 교회와 성당과는 달리 보통 절은 입지가 좋은 곳에 위치하다 보니 산속에 있는 경우가 많다. 그러다 보니 특별한 날이 아니면 선뜻 찾아가기가 쉽지 않다. 그런 가운데 도심 속에, 그것도 우리나라 경제의 중심인 삼성동에 우뚝하니 자리 잡고 있는 절이 바로 봉은사이다.

story 10.
대중들에게 활짝 열려 있는 건축물

봉은사는 회사가 근처였던 탓에 점심 식사 후 산책하러 자주 방문할 수 있었는데, 절에 온 불교 신자들과 필자처럼 산책하러 나온 직장인들, 그리고 많은 외국인 관광객들이 서슴없이 들어갈 수 있게 활짝 열려 있는 모습이다. 봉은사에 들어서게 되면 법당과 불상이 자연과 조화롭게 배치되어 있는 모습을 볼 수 있는데 법당 뒤로는 우거진 숲으로 이루어진 산책로가 있어 직장인들에게 인기 만점의 공간이다. 수풀 사이로 드문드문 보이는 도심의 모습이 현실을 자각하게 해 주지만 봉은사에 들어오면 특유의 마음이 편안해지는 느낌이 있다. 아름다운 위엄을 뽐내고 있지만, 입구마다 경비실을 두고 펜스로 둘러쳐져 있는 교회와는 대조적인 모습을 하고 있어 봉은사는 더 큰 의미로 다가온다.

• 지나가는 행인도 잠시 머무르게 하는 봉은사

봉은사 전경

봉은사 입구

마지막 장에서는 대중들과 소통하는 건축물에 대하여 살펴보았다. 건축물은 개인이든 공공이든 분명 누군가의 소유물이기는 하지만 모든 사람이 바라볼 수밖에 없고 때로는 이용할 수밖에 없다. 그래서 건축물의 사회적 역할은 굉장히 중요하다. 건축물을 짓고자 하는 모든 건축주가 자신의 이익만을 생각하지 않고 대중과 소통할 수 있고, 사회적 기능을 고려해 나간다면 분명 세상은 더 나아질 것이라 확신한다.

story 10.
대중들에게 활짝 열려 있는 건축물

맺음말

　나의 꿈에 한 발짝 다가가기 위해 이 책을 쓰기 시작했다. 사람들이 좋다고 생각하는 건물에는 분명히 특징이 있다고 생각했고 이들을 정리하다 보니 10가지 카테고리로 나눌 수 있었다. 물론 여기에 소개된 건물이라고 해서 모두가 좋은 건축물이라고 생각할 필요도 없고, 이 카테고리 안에 들어가지 않는다고 해서 좋지 않은 건축물이라고 생각할 필요도 없다.

　어떤 이에게는 편리함을 주는 아파트가 세상에서 제일 좋은 건물이 될 수도 있고, 어떤 이에게는 자기가 직접 지은 집이 가장 좋은 건물이라고 생각할 수도 있다. 시대가 변하고 사람들마다 생각하는 것이 다르므로 저마다 생각하는 좋은 건축물이 다 다르겠지만 이러한 생각들을 공유하고 이야기하다 보면 세상에 좋은 건물이 하나둘씩 생겨나 좀 더 나은 세상이 될 것이라는 믿음 하에 집필을 시작해 나갔다. 내가 생각하는 좋은 건축물을 이 책에서 정리했듯이 이 책을 읽는 모든 분들이 자신이 생각하는 좋은 건축물을 공유할 수 있었으면 좋겠다. 지금 블로그나 다양한 매체를 통하여 급속도로 발전하고 있는 인테리어 분야처럼 건축

분야도 많은 사람들의 관심 속에서 꽃피울 날을 기대해 본다.

    이 책을 쓰면서 나에게는 또 다른 꿈이 생겼다. 내가 이 책에서 언급한 곳에 모두 직접 가보는 것이다. 사실 건축의 본고장이라 불리는 유럽이나 현대 건축의 중심지인 미국을 한 번도 가 보지 않은 사람으로서 '가 보지 않은 곳을 설명하고 서적이나 블로그에서 본 내용을 정리하여 알려 주는 것이 과연 타당한 일일까?'라는 의문이 들기도 했다. 내가 직접 가서 보고 느끼고 했더라면 이 책은 보다 풍성해지고 설득력이 있었을 테지만, 한편으로는 많은 사람들이 나와 비슷한 상황에 놓여 있을 것이기 때문에 내심 이렇게 가 보지 않고도 공감을 얻어 낼 수 있다는 것을 보여주고 싶었다. 사실 일반인들에게 많은 나라를 여행하는 것은 꿈만 같은 이야기다. 물론 해외여행객이 매년 기하급수적으로 늘어나고 있긴 하지만 여전히 외국을 가 보지 못하는 사람들이 많이 있다. 그런 사람들에게도 꼭 해외를 가지 않더라도 좋은 건축에 대한 생각을 정립할 수 있고 이에 대해서 의견을 자유롭게 나눌 수 있다는 것을 보여 주고 싶었다. 하지만 내가 직접 가 보았더라면 책은 훨씬 더 풍성해 질 수 있었으리라는 생각에 또 다른 꿈을 꾸게 된 것이다.

    무엇보다도 이 책을 쓰면서 나 스스로가 많이 배울 수 있었음에 감사한다. 또한, 나 자신이 성장하고, 전 세계의 의식 있는 건축가들이 더 나은 미래를 위해 노력하고 있다는 것을 새삼 느낄 수 있어서 더욱더 좋았던 것 같다.

아무쪼록 이 책이 마무리되고 출간을 앞둔 시점에 더욱 많은 일반인들이 이 책을 접하고 좋은 건축에 대하여 토론할 수 있기를 바란다.

끝으로 이 책이 나올 수 있게 사진을 제공해 준 많은 분들과 갓 태어난 아이와 아내를 비롯한 사랑하는 가족에게 감사의 말씀을 전한다.

사진출처

pixabay.com/ko/
www.flickr.com/photos/mikecogh/
www.flickr.com/photos/zhaffsky/
www.flickr.com/photos/yisris/
www.flickr.com/photos/yisris/
www.flickr.com/photos/xiquinho/
www.flickr.com/photos/wolfsavard/
www.flickr.com/photos/u-suke/
www.flickr.com/photos/user-colin/
www.flickr.com/photos/traveloriented/
www.flickr.com/photos/tompagenet/
www.flickr.com/photos/thisisbossi/
www.flickr.com/photos/thedjole/
www.flickr.com/photos/theco-operative/
www.flickr.com/photos/theco-operative/
www.flickr.com/photos/theco-operative/
www.flickr.com/photos/subtlepanda/
www.flickr.com/photos/skinnylawyer/
www.flickr.com/photos/seamusnyc/
www.flickr.com/photos/ryan_d_cole/
www.flickr.com/photos/ru_boff/
www.flickr.com/photos/roryrory/
www.flickr.com/photos/robert_scarth/
www.flickr.com/photos/pollobarca/
www.flickr.com/photos/phploveme/
www.flickr.com/photos/phploveme/
www.flickr.com/photos/phploveme/
www.flickr.com/photos/photo_fiend/
www.flickr.com/photos/philou46/
www.flickr.com/photos/pheezy/
www.flickr.com/photos/pdbreen/
www.flickr.com/photos/paulmiller/

www.flickr.com/photos/osde-info/
www.flickr.com/photos/o_0/
www.flickr.com/photos/ninara/
www.flickr.com/photos/natatorium/
www.flickr.com/photos/naq/
www.flickr.com/photos/naotakem/
www.flickr.com/photos/mtchlra/
www.flickr.com/photos/msittig/
www.flickr.com/photos/mrskyce/
www.flickr.com/photos/morgaine/
www.flickr.com/photos/m-louis/
www.flickr.com/photos/mihalorel/
www.flickr.com/photos/mdpettitt/
www.flickr.com/photos/mbschlemmer/
www.flickr.com/photos/mauring/
www.flickr.com/photos/marcteer/
www.flickr.com/photos/manumilou/
www.flickr.com/photos/maitreyoda/
www.flickr.com/photos/mabi/
www.flickr.com/photos/londonmatt/
www.flickr.com/photos/londonmatt/
www.flickr.com/photos/koreanet/
www.flickr.com/photos/koreanet/
www.flickr.com/photos/koreanet/
www.flickr.com/photos/koreanet/
www.flickr.com/photos/jonolist/
www.flickr.com/photos/jonolist/
www.flickr.com/photos/joevare/
www.flickr.com/photos/joevare/
www.flickr.com/photos/joevare/
www.flickr.com/photos/jlascar/
www.flickr.com/photos/jjprojects/

www.flickr.com/photos/jingdianjiaju2/
www.flickr.com/photos/janela_da_alma/
www.flickr.com/photos/jamespreston/
www.flickr.com/photos/jacobjung/
www.flickr.com/photos/iqremix/
www.flickr.com/photos/infanticida/
www.flickr.com/photos/ikkoskinen/
www.flickr.com/photos/iainb/
www.flickr.com/photos/iainb/
www.flickr.com/photos/hragvartanian/
www.flickr.com/photos/hendry/
www.flickr.com/photos/haedener/
www.flickr.com/photos/guitarnews/
www.flickr.com/photos/gsfc/
www.flickr.com/photos/greensurvey/
www.flickr.com/photos/gcattiaux/
www.flickr.com/photos/franklinheijnen/
www.flickr.com/photos/fran001/
www.flickr.com/photos/fhke/
www.flickr.com/photos/eager/
www.flickr.com/photos/eager/
www.flickr.com/photos/eager/
www.flickr.com/photos/eager/
www.flickr.com/photos/eager/
www.flickr.com/photos/eager/
www.flickr.com/photos/duncanh1/
www.flickr.com/photos/dreamsjung/
www.flickr.com/photos/citizenhelder/
www.flickr.com/photos/chriswaits/

www.flickr.com/photos/cd_fr/
www.flickr.com/photos/brostad/
www.flickr.com/photos/brandonschauer/
www.flickr.com/photos/bevgoodwin/
www.flickr.com/photos/atelier_flir/
www.flickr.com/photos/atelier_flir/
www.flickr.com/photos/atelier_flir/
www.flickr.com/photos/atelier_flir/
www.flickr.com/photos/atelier_flir/
www.flickr.com/photos/atelier_flir/
www.flickr.com/photos/astrozombie/
www.flickr.com/photos/applepirate/
www.flickr.com/photos/anjanettew/
www.flickr.com/photos/alexschwab/
www.flickr.com/photos/aguichard/
www.flickr.com/photos/abcdz2000/
www.flickr.com/photos/9160678@N06/
www.flickr.com/photos/69184488@N06/
www.flickr.com/photos/61738028@N07/
www.flickr.com/photos/28537647@N06/
www.flickr.com/photos/16497759@N07/
www.flickr.com/photos/14646075@N03/
www.flickr.com/photos/13769222@N02/
www.flickr.com/photos/12742090@N08/
whatson.ae/dubai/2016/02/theres-going-rotating-skyscraper-dubai-2020/